养殖场兽药规范使用手册系列丛书

猪场
兽药规范使用手册

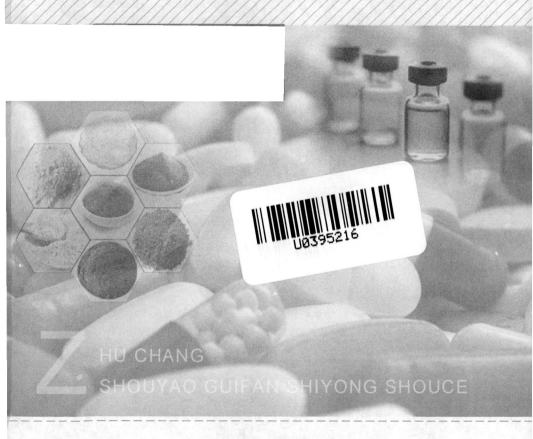

ZHU CHANG

HU CHANG

SHOUYAO GUIFAN SHIYONG SHOUCE

中国农业出版社
北京

本书有关用药的声明

丛书编委会

主　编　才学鹏　李　明
副主编　徐士新　刘业兵　曾振灵
委　员（按姓氏笔画排序）

巩忠福　刘　伟　刘业兵　刘建柱
孙忠超　李　靖　李俊平　陈世军
胡功政　姚文生　徐士新　郭　晔
黄向阳　曹兴元　崔耀明　舒　刚
曾振灵　窦永喜　薛青红　薛家宾

审　定（按姓氏笔画排序）

卜仕金　才学鹏　巩忠福　刘业兵
李佐刚　肖希龙　陈世军　郝丽华
徐士新　陶建平　彭广能　董义春
曾振灵

编者名单

主　编	刘业兵　刘建柱
副主编	范学政　李臣贵　周变华　李克鑫
编　者	冯　刚　王宏伟　郭　晔　王　甲
	杨国栋　李玉柱　冯学俊　任　禾
	张文龙　张永第　蒲　鹏　刘永夏
	牛绪东　张元瑞　张志浩　姜八一
	李　倩　王　彬　张广川　许冠龙
	李亚菲

PREFACE 序

　　有效保障食品安全、养殖业安全、公共卫生安全、生物安全和生态环境安全是新时期兽医工作的首要任务。我国是动物养殖大国，也是动物源性食品消费大国。但是我国动物养殖者的文化素质、专业素质参差不齐，部分养殖者为了控制动物疫病，违规使用、滥用兽药，甚至违法使用违禁药物，造成动物产品中兽药残留超标和养殖环境中动物源细菌耐药性，形成严重的公共卫生和生物安全隐患。

　　当前，细菌耐药、兽药残留问题深受百姓关注，党中央国务院非常重视。国家"十三五"规划，明确提出要强化兽药残留超标治理，深入开展兽用抗菌药综合治理工作。2017年，制定实施《全国遏制动物源细菌耐药行动计划（2017—2020年）》，明确了今后一个时期的行动目标、主要任务、技术路线和关键措施。随着兽药综合治理工作的推进和养殖业方式转变，我国养殖业兽药的使用已呈现逐步规范、渐近趋好的态势。

　　为进一步规范养殖环节各种兽药的使用，引导养殖场兽医及相关工作人员加深对兽药规范使用知识的了解，中国兽医药品监察所和中国农业出版社组织编写了《养殖场兽药规范使用手册系列丛书》。该丛书站在全局的高度，充分强调兽药规范使用的重要性，理论联系实际，以《中华人民共和国兽药典》等相关规范为基础，介绍兽药使用基础知识、各畜种常见使用药物、疫病诊断及临床用药方法等，同时附录兽药残留限量标准、休药期标准等基础参数，直观生动，易学易懂，具有较强的科学性、实用性和先进性，可为兽医临床用药提供全面、系统的指导，既是先进兽药科学使用的技术指导书，也是一套适用于所有畜牧兽医工作者学习的理论参考书，对落实《全国遏制动物源细菌耐药行动计划（2017—2020年）》将发挥积极作用，具有重要的现实意义。

相信本丛书一定会成为行业受欢迎的图书，呈现出权威、标准、规范和实用特色！

农业农村部副部长

FOREWORD 前言

　　兽药（包括疫苗等）是预防、治疗和诊断动物疫病的特殊商品，其产品质量直接关系到重大动物疫病防控成效、养殖业健康发展和动物源性食品质量安全。我国的养猪历史悠久，当前已经成为养猪大国，但当前饲养方式的混杂，导致了猪场疾病越来越多，用药不规范问题日益严重，影响了其持续有效的发展。

　　安全、科学合理的规范用药是养猪业健康发展的重要保证，中国兽医药品监察所、中国农业出版社组织了长期在养猪生产一线的专家学者编写了《猪场兽药规范使用手册》一书。本书从猪场用药的基础知识、常用药品、常见疾病、药物残留及合理用药、耐药控制五个方面对养猪场的安全用药进行的介绍，内容上以国家批准使用的兽药为基础，突出"病、药结合"，通俗易懂，可供广大养猪户、养猪场员工学习使用，以提高对常见猪病防治的技术水平，同时也可作为基层兽医工作者、农业院校相关专业师生进行猪病诊疗、规范用药的参考资料。

　　由于编写时间紧、编者的水平有限，难免存在疏漏、不足甚至是错误之处，恳请同行专家和广大读者提出宝贵意见和建议，以便再版时加以修改补充。

编　者

2018 年 8 月

CONTENTS 目 录

第一章

猪用药的基础知识

第一节 兽药的定义、应用形式

一、兽药的定义、来源

兽药是指用于预防、治疗、诊断动物疾病或者有目的地调节动物生理机能的物质，主要包括：血清制品、疫苗、诊断制品、微生态制品、中药材、中成药、化学药品、抗生素、生化药品、放射性药品及外用杀虫剂、消毒剂等。

我国兽药使用历史悠久，早在秦汉时代，药学文献《居延汉简》和《流沙坠简》中已有关于兽药处方的记载；汉末三国时期，中国最早的药学著作《神农本草经》中，曾有专用的兽药记录。后魏贾思勰在《齐民要术》中收载了多种兽用方剂。明代李时珍的《本草纲目》中收载了 1 892 种药物，其中兽药有 60 多种；万历年间中国的兽医专著《元亨疗马集》中收载的兽药则多达 200 多种、兽用处方 400 余个。

这些典籍中收载的兽药大致可分为三个来源：植物、动物和矿物。其中植物类兽药最多，如具有通络下乳和活血消瘀功效的王不留行，主要用于治疗母猪产后乳汁不下；而五加科植物三七则具有散瘀止血和消肿止痛的功效，多用于治疗猪便血、吐血及外伤出血等。植物类兽药的入药部位多样，有些品种能够全草入药，有些则仅限于根、茎、叶或花等部位入药。动物类兽药也有较多使用，如水蛭，具有破血逐瘀、通经活络的功效，主要用于治疗猪的跌打损伤和疮黄疔毒；而鸡内金则为雉科动物家鸡的干燥砂囊内壁，具有健胃消食、化石通淋的功效，用于治疗猪的食积不消、呕吐、泄泻、砂石淋等。除了这些植物和动物来源的兽药以外，还有少部分矿物来源的兽药，如石膏，其为硫酸盐类矿物硬石膏族石膏，具有清热泻火和生津止渴的功效，可用于治疗猪外感热病、肺热喘促、胃热贪饮、壮热神昏、狂躁不安等；白矾则为硫酸盐类矿物明矾石经加工提炼制成，具有燥湿祛痰、止血和止泻的功效，外用还可解毒杀虫、止痒、敛疮。

随着科学技术的不断发展及化学、物理学、解剖学和生理学等学科的建立，一些化学家首先开始了从药用植物中提取有效成分的尝试，之后一些生理学家（其中一些成为了药理学的先驱者）应用生理学的方法来观察和评价这些化学成分的药效和毒性，此时近代实验药理学逐渐拉开序幕。随着后续的化合物构效关系的确认及定量药理学概念的提出，现代药理学真正发展起来。而兽医药理学的发展是伴随着药理学的发展进程渐次进行的，在整个进程中，青霉素的发现、磺胺类药物及喹诺酮类药物的合成等具有重大意义。同时这也引出了兽药的另两个重要来源：化学合成及微生物发酵。

化学合成类兽药中磺胺类及（氟）喹诺酮类为典型代表。其中首次合成于 1962 年的萘啶酸为第一代喹诺酮类药物的代表；第二代该类兽药则为合成于 1974 年的氟甲喹；1979 年合成的诺氟沙星*是首个第三代该类药物，由于它具有 6 -氟 - 7 -哌嗪 - 4 -诺酮环结构，故该类药物从此开始称为氟喹诺酮类药物；在诺氟沙星之后又有众多该类药物被开发出来。目前我国在兽医临床批准应用的氟喹诺酮类药物有：恩诺沙星、环丙沙星、达氟沙星、二氟沙星、沙拉沙星、麻保沙星等。而来源于微生物发酵的兽药则多为一些分子量较大、结构复杂

---

* 诺氟沙星现已为我国禁用兽药。

的兽药，如天然青霉素，其是从青霉菌的培养液中分离获得的，其含有青霉素 F、青霉素 G、青霉素 X、青霉素 K 和双氢 F 五种组分。

除了前述的五种兽药来源之外，基于生物技术发展起来的兽药逐渐增多。这类药物是通过细胞工程、基因工程等分子生物学技术生产的药物。如重组溶葡萄球菌酶，这是一种含锌的金属蛋白酶，由特异性靶向细菌细胞壁的结合结构域和高效水解葡萄球菌细胞壁肽聚糖中甘氨酸肽键的催化结构域组成。

二、兽药的应用形式、制剂与剂型

兽药原料药一般均不能直接用于动物疾病的预防或治疗，必须进行加工，制成安全、有效、稳定和便于应用的形式，称为药物剂型（dosage form）。例如，粉剂、片剂、注射剂等。药物剂型是一个集体名词，其中任何一个具体品种，如片剂中的土霉素片，注射剂中的葡萄糖注射液等则称为制剂（preparation）。药物的有效性首先是其本身固有的药理作用，但仅有药理作用而无合理的剂型，必然影响药物疗效的发挥，甚至出现意外。先进、合理的剂型有利于药物的储存、运输和使用，能够提高药物的生物利用度，降低不良反应，发挥最大疗效。目前，我国兽医临床中使用的常见药物制剂见表 1-1 和表 1-2。

表 1-1 我国兽医临床中使用的常见药物制剂举例（化学药品）

药物剂型	举例（具体制剂品种）	药物剂型	举例（具体制剂品种）
预混剂	二硝托胺预混剂	软膏	鱼石脂软膏
注射液	乙酰胺注射液	滴耳液	氟苯尼考甲硝唑滴耳液
片剂	土霉素片	可溶性粉	氟苯尼考可溶性粉
溶液剂	双甲脒溶液	颗粒	氟尼辛葡甲胺颗粒
粉剂	甲砜霉素粉	滴眼液	硫酸新霉素滴眼液
乳房注入剂	苄星氯唑西林乳房注入剂	混悬液	碘醚柳胺混悬液
眼膏	醋酸泼尼松龙眼膏	乳膏	醋酸氟轻松乳膏
胶囊	氟苯尼考胶囊		

表 1-2 我国兽医临床中使用的常见药物制剂举例（中药）

药物剂型	举例（具体制剂品种）	药物剂型	举例（具体制剂品种）
散剂	八正散	注射液	鱼腥草注射液
颗粒剂	七温败毒颗粒	膏剂	紫草膏
口服液	双黄连口服液	酊剂	大黄酊
丸剂	穿白痢康丸	片剂	大黄碳酸氢钠片

三、兽药处方

处方是临床治疗和药剂配置的重要书面文件，也是检定药物疗效及其毒性的重要依据。处方可分为法定处方和医疗处方。前者是指《中华人民共和国兽药典》（以下简称《兽药典》）上收载制剂的处方，有法律约束力，对制剂的组成、浓度、配制方法等都有明确规定，国内各有关单位都必须遵守。后者则指兽医师根据猪病情作出诊断而书写的各种不同组合的处方。

《兽药典》是由中国兽药典委员会编撰，由农业部颁布实施的法定典籍，是兽药生产、经营、检验和监督管理等的法定技术依据。我国现行的《兽药典》为 2015 年版，共分为一部、二部和三部，收载兽药品种共计 2 030 种。一部收载化学药品、抗生素、生化药品和药用辅料，共计 752 种；二部收载药材和饮片、植物油脂和提取物、成方制剂和单味制剂，共计 1 148 种（包括饮片 397 种）；三部收载生物制品 131 种。

为了保障用药安全和动物性食品安全，《兽药管理条例》规定我国实行"兽用处方药和非处方药分类管理制度"。处方药管理的一个最基本的原则就是凭兽医的处方方可购买和使用，因此，未经兽医师开具处方，任何人不得销售、购买和使用处方药。通过兽医师开具处方后使用兽药，可以防止出现滥用人用药品、细菌产生耐药性、动物产品中发生兽药残留等问题，达到保障动物用药规范、安全有效的目的。

《兽药管理条例》规定,"兽药经营企业,应当向购买者说明兽药的适应证、功能主治、用法、用量和注意事项。销售兽用处方药的,应当遵守兽用处方药管理办法。"批发销售兽用处方药和兽用非处方药的企业,必须配备兽医师或药师以上药学技术人员,兽药生产企业不得以任何方式直接向动物饲养场(户)推荐、销售兽用处方药。兽用处方药必须凭兽医师或助理兽医师处方销售和购买,兽药批发、零售企业不得采用开架自选销售方式。

四、兽药的储藏与保管

我国《兽药典》中明确规定了各种兽药的贮藏方法,如维生素 D_3 的贮藏方法为遮光、充氮、密封,在冷处保存,而维生素 D_3 注射液的贮藏方法则为遮光、密闭保存。兽药的贮藏方法主要是由药物自身及其制剂性质以及影响其稳定性的环境因素共同决定的。

影响兽药品质的主要环境因素包括:空气、温度、湿度、光照和贮藏时间。空气中的氧或其他物质释放出的氧容易引起一些药物的氧化,而空气中的二氧化碳则可与部分碱性药物发生碳酸化反应,引起药物变质。如浅绿色的硫酸亚铁可逐渐被氧化成棕黄色的高铁盐而失效;而磺胺类药物和苯巴比妥类药物的钠盐易发生碳酸化反应,其产物难溶于水,且药效降低。在较高温度下,药物的氧化、分解等反应一般会加速,从而加快药物的变质速度。此外,温度过高还会加速可挥发药物的挥发,使其有效成分浓度降低;而对于生物技术药物而言,高温会引发蛋白质变性、酶制剂失活等;对于一些乳房注入剂、栓剂或软膏剂而言,高温往往会引发这些制剂变形,由半固体转为液体状态,不便于临床使用,引发药效的降低。高温会影响药效,但有时温度过低则会使有些制剂发生冻结、分层、聚合或析出晶体等,如葡萄糖酸钙注射液在低温下会析出结晶且不易复溶,从而造成药效降低。湿度对兽药的影响也较大:湿度过大时,有些药物会吸湿而发生潮解、液化、变形、霉变等，导致药效降低甚至失效；而湿度过小时，可能会使某些含结晶水的药物失去结晶水而成粉末。光照对药物的影响主要是因为光线中某些特定波长的光会催化某些药物的氧化、还原或分解反应，使药物变质速度加快，如乙醚在光照的作用下会加速氧化，产生有毒的过氧化物。药物即使置于适宜的条件下，也有一定的有效期，贮藏时间过久会发生失效或变质。

在药物储藏与保管过程中，应结合其自身的理化性质及其制剂特点，尽量降低环境因素对其稳定性的影响。表 1-3 中列举了我国《兽药典》（2015 年版）中常见的药物贮藏方法，并对具体的贮藏方法进行了解释：遮光是指用不透明的容器包装，如棕色瓶或黑色纸包裹的无色透明或半透明容器；密闭是指将容器密闭，以防止灰尘及异物进入；密封是指将容器密封，以防止风化、吸潮、挥发或异物进入；熔封或严封是指将容器熔封或用适宜的材料严封，以防止空气与水分的侵入并防止污染；阴凉处是指温度不超过 20℃；凉暗处是指避光且温度不超过 20℃；冷处是指 2～10℃；常温是指10～30℃。

表 1-3 我国《兽药典》（2015 年版）中常见的药物贮藏方法举例

制剂	贮藏方法
维生素 K_1 注射液	遮光，密闭，防冻保存（如有油滴析出或分层，则不宜使用，但可在遮光条件下加热至 70～80℃，振摇使其自然冷却，如可见异物正常仍可继续使用）
替米考星注射液	遮光，密闭保存
硝氯酚片	遮光，密封保存
硫氰酸红霉素可溶性粉	密闭，在干燥处保存
注射用硫酸头孢喹肟	遮光，密封，在 2～8℃
硫酸头孢喹肟注射液	密闭，在凉暗处保存
硫酸安普霉素可溶性粉	遮光，密闭，在干燥处保存

第二节　临床合理用药

一、影响药物作用的主要因素

药物的作用是机体与药物相互作用过程的综合表现，许多因素都可能影响或干扰这一过程，改变药物效应。这些因素包括药物、动物及环境三方面。

（一）药物因素

1. 剂量　药物的作用或效应在一定剂量范围内会随着剂量的增加而增强，如巴比妥类药物小剂量产生催眠作用，而随着剂量增加则可表现出镇静、抗惊厥和麻醉作用，这些都是对中枢神经的抑制作用，可以看作量的差异。但是也有少数药物，随着剂量或浓度的不同，作用的性质会发生变化，如人工盐小剂量时起健胃作用，大剂量则表现为下泻作用。

2. 剂型　剂型（主要指传统剂型，如溶液、散剂、片剂、注射液等）对药物作用的影响主要表现为药物的吸收速度与程度的不同。例如，内服溶液剂与内服片剂相比，吸收的速率要快得多，这主要是因为片剂在胃肠液中有一个崩解过程，药物的有效成分要从赋形剂中溶解释放出来后才能被吸收。但随着兽药新剂型研究的不断深入，缓释、控释和靶向制剂逐步应用于临床，剂型对药物作用的影响将越来越明显，且具有更重要的意义。

3. 给药方案　给药方案包括给药剂量、途径、给药间隔和疗程。给药途径不同主要影响生物利用度和药效出现的快慢。除根据疾病的治疗需要选择给药途径外，还应考虑药物自身的性质，如肾上腺素内服无效，必须注射给药。而有的药物内服时有很强的首过效应，生物利用度很低，全身用药时也应选择肠外给药途径。猪由于集约化饲养，数量巨大，注射给药要消耗大量人力、物力，也容易引起应激反应，所以给药可采用混饲或混饮的群体给药方法。这时必须注意保证每个个体都能获得充足的剂量，又要防止一些个体食入量过多而产生中毒，还要根据不同气候、疾病发生过程及动物食量或饮水量的不同，适当调整药物的浓度。

大多数药物在治疗疾病时必须重复给药，确定给药间隔主要是根据药物的半衰期和消除速率。一般情况下，在下次给药前要维持血中的最低有效浓度，尤其抗菌药物要求血中药物浓度要高于最小抑菌浓度（MIC）。但近年来对抗菌药后效应的研究表明并非一定要维持MIC以上的血药浓度，当使用大剂量兽药时，峰浓度比 MIC 高得多，可产生较长时间的抗菌后效应，给药间隔可相应延长。

有些药物给药一次即可奏效，如解热镇痛药等，但大多数药物必须按一定的剂量和时间多次给药，才能达到治疗效果，这即称为疗程。抗菌药物更需充足的疗程才能保证稳定的疗效，避免产生耐药性，临床中不能给药后出现药效立即停药。

4. 联合用药及药物相互作用 临床上同时使用两种以上的药物治疗疾病，称为联合用药，其目的是提高疗效，消除或减轻某些毒副作用，适当联合应用抗菌药也可减少耐药性的产生。但是，同时使用两种以上药物，在猪体内器官、组织中（如胃肠道、肝）或作用部位（如细胞膜、受体部位），药物均可发生相互作用。此外，在使用药物过程中和生产复方制剂时也可发生药物的体外相互作用。

体内药物的相互作用表现在药动学和药效学两方面，前者涉及药物吸收、分布、代谢和排泄的所有过程，而后者则可使药效增强或减弱。当两药合用的效应大于单药效应的代数和时，称为协同作用；两药合用的效应等于它们分别作用的代数和，称为相加作用；两药合用的效应小于它们分别作用的总和，则称为颉颃作用。

体外药物的相互作用主要是因为药物之间在用药前即发生了中和、水解、氧化（还原）等理化反应，这时可能发生混浊、沉淀、产生气体及变色等外观异常现象。例如，在静脉滴注的葡萄糖注射液中加入磺胺嘧啶钠注射液，可见液体中有微细的磺胺嘧啶结晶析出，这是磺胺嘧啶钠在 pH 降低时必然出现的结果。

（二）动物方面的因素

1. 种属差异　动物品种繁多，解剖、生理特点各异，不同种属动物对同一药物的药动学和药效学往往有很大的差异。在大多数情况下表现为量的差异，即作用的强弱和维持时间的长短不同，如链霉素在猪的半衰期表现出很大差异。此外，有少数动物因缺乏某种药物的代谢酶，因而对某些药物特别敏感，如猫缺乏葡萄糖醛酸酶，故对水杨酸盐特别敏感，药物作用时间很长。

药物在不同种属动物的作用除表现出量的差异以外，少数药物还可表现出质的差异，如吗啡对人、犬、大鼠、小鼠表现出抑制作用，而对猫、马和虎则表现为兴奋作用。

2. 生理因素　不同年龄、性别或妊娠状态动物对同一药物的反应往往有一定差异，这与机体器官组织的功能状态，尤其与肝脏药物代谢酶系统有着密切的关系。如仔猪因为肝脏微粒体酶代谢功能不足和/或肾排泄功能不足，其体内药物的消除半衰期往往要长于成年动物。同理，老龄动物亦有上述现象，一般对药物的反应较成年动物敏感，所以临床用药剂量应适当减少。除了作用于生殖系统的某些药物外，一般药物对不同性别动物的作用并无差异，但妊娠动物对拟胆碱药、泻药或能引起子宫收缩加强的药物比较敏感，可能引发流产，临床用药必须慎重。哺乳动物则因大多数药物可从乳汁排泄，会造成乳中药物残留，故要制定严格的弃奶期。

3. 病理因素　药物的药理效应一般都是在健康动物试验中观察

得到的，动物在病理状态下对药物的反应性存在一定程度的差异。不少药物对疾病动物的作用较显著，甚至要在动物病理状态下才呈现药物的作用，如解热镇痛抗炎药能使发热动物降温，但对正常体温没有影响。大多数药物主要通过与靶细胞受体相结合而产生各种药理效应，在各种病理情况下，药物受体的类型、数目和活性可以发生变化而影响药物的作用。严重的肝、肾功能障碍，可影响药物的生物转化和排泄，对药物动力学产生显著的影响，引起药物蓄积，延长半衰期，从而增强药物的作用，严重者可能引发毒性反应。但也有少数药物在肝生物转化后才有作用，如可的松、泼尼松，在肝功能不全的疾病动物中其作用减弱。炎症过程可使动物的生物膜通透性增加，影响药物的转运。严重的寄生虫病、失血性疾病或营养不良猪，由于血浆蛋白质大大减少，可使高血浆蛋白结合率药物的血中游离药物浓度增加，一方面使药物作用增强，同时也使药物的生物转化和排泄增加，半衰期缩短。

4. 个体差异　产生个体差异的主要原因是动物对药物的吸收、分布、代谢和排泄的差异，其中代谢是最重要的因素。研究表明，药物代谢酶类（尤其细胞色素 P-450）的多态性是影响药物作用个体差异的最重要的因素之一，不同个体之间的酶活性可能存在很大的差异，从而造成药物代谢速率上的差异。因此，相同剂量的药物在不同个体中，有效血药浓度、作用强度和作用维持时间可产生很大差异。

个体差异除表现在对药物作用量的差异外，有的还出现质的差异，这就是个别动物应用某些药物后容易产生变态反应的原因。

（三）饲养管理和环境因素

药物的作用是通过动物机体来表现的，因此机体的功能状态与药物的作用有密切的关系，如化疗药物的作用与机体的免疫力、网状内皮系统的吞噬能力有密切的关系，有些病原体的最后消除还要依靠机体的防御机制。因此，机体的健康状态对药物的效应可以产生直接或间接的影响。而动物的健康主要取决于饲养和管理水平。饲养方面要注意饲料营养全面，根据动物不同生长时期的需要合理调配日粮成分，以免出现营养不良或营养过剩。管理方面应考虑动物群体的大小，防止密度过大，房舍的建设要注意通风、采光和动物活动的空间，要为动物的健康生长创造良好的条件。

二、合理用药原则

临床合理用药应遵循以下几个原则：

1. 正确诊断　任何药物合理应用的先决条件都是正确的诊断，没有对动物发病过程的认识，药物治疗便是无的放矢，不但没有益处，反而可能会延误诊断，耽误疾病的治疗。

2. 用药要有明确的指征　每种疾病都有特定的发病过程和症状，要针对猪的具体病情，选用药效可靠、安全、方便给药、价廉易得的药物制剂。反对滥用药物，尤其不能滥用抗菌药物。

3. 熟悉药物在靶动物的药动学特征　根据药物在靶动物的药动学特征，制订科学的给药方案。药物治疗的错误包括用错药物，但更多的是给药方案的错误。

4. 制订周密的用药计划　根据疾病的病理生理学过程和药物的药理作用特点以及它们之间的相互关系，药物的疗效是可以预期的。几乎所有的药物不仅有治疗作用，也存在不良反应，临床用药必须记住疾病的复杂性和治疗的复杂性，对治疗过程做好详细的用药计划，认真观察将出现的药效和毒副作用，随时调整用药计划。

5. 合理的联合用药　在确定诊断以后，兽医师的任务就是选择有效、安全的药物进行治疗，一般情况下应避免同时使用多种药物（尤其抗菌药物），因为多种药物治疗极大地增加了药物相互作用的概率，也给猪增加了危险。除了具有确实的协同作用的联合用药外，要慎重使用固定剂量的联合用药（如某些复方制剂），因为它使兽医师失去了根据动物病情需要去调整药物剂量的机会。

6. 正确处理对因治疗与对症治疗的关系　一般用药首先要考虑对因治疗，但也要重视对症治疗，两者巧妙结合将会取得更好的疗效。我国传统中医理论对此有精辟的论述："治病必求其本，急则治其标，缓则治其本"。

7. 避免动物性产品中的兽药残留　食品动物用药后，药物的原形或其代谢产物和有关杂质可能蓄积、残留在动物的组织、器官或食用产品（如蛋、奶）中，这样便造成了兽药在动物性食品中的残留（简称兽药残留）。使用兽药必须遵守我国《兽药典》的有关规定，严格执行休药期，以保证动物性产品中兽药残留不超标。

三、安全使用常识

兽药使用过程中应切记以下常识：

（1）兽药的合理选择是建立在对疾病的正确诊断基础之上的，在动物发病之后，一定要迅速及时地对疾病进行准确诊断，然后才能准确选择适当的药物制剂进行治疗。

（2）应严格遵守兽药的标签内使用原则，根据兽药的适应证选择合适的兽药制剂，并严格按照国家规定的用量与用法使用兽药，严禁超量或超期使用。

（3）用药过程中应准确做好各项记录，包括给药时间、给药剂量、给药途径等，对于饮水及混饲给药情况，还应仔细记录动物的饮水及采食情况。

（4）食品动物用药过程中应严格遵守休药期的规定，严防兽药在动物可食性组织及产品中的残留。

（5）有条件的养殖场可适当开展本场常见致病菌的敏感性调查，

筛选出有效的抗微生物药物。

（6）平时做好疾病预防工作，及时做好疫苗接种，做好清扫及消毒工作。

（7）严格遵循国家及农业农村部等制定的各项规章制度，如严禁使用禁用药物，严禁将人用药品用于动物，严格遵守兽用处方药的使用及管理制度等。

四、兽药质量快速识别

兽药质量的快速识别可采用一些简易方法，首先要查看外包装除商品名称外是否标有兽药生产许可证和兽药 GMP 证书编号、"兽用处方药"或"兽用非处方药"标识、注册商标、兽药的通用名称、产品批准文号、产品批号、有效期、生产厂名、详细地址和联系电话等信息；是否有产品使用说明书，说明书上标注的项目是否齐全；必要时，可根据标签上的联系电话，与生产单位确认此批次产品的真实性；观察完以上内容之后，再观察兽药的外观、形状是否存在异常。片剂表面应光洁、平整、色泽均匀，有适宜的硬度和耐磨性，且无粘连、裂片、碎片和霉变等现象；粉剂应干燥、疏松、色泽均匀一致，无异味、潮解、霉变、结块、发黏、虫蛀等现象；粉针剂不应有裂瓶、封口漏气、瓶盖松动现象，如发现崩盖、松盖、歪盖、隔膜脱落、瓶盖有针孔、安瓿有裂缝或渗液等现象不应使用；而水针剂应从色泽、外观和澄明度三方面检查：关于色泽，每批检查 5 支，进行比色，不得有变色；关于外观，安瓿应洁净，字迹印刷清晰，品名、规格、批号等项齐全，不得缺项，不得有裂瓶、裂纹、封口漏气、主瓶盖松动，溶液不得有结晶、混浊、沉淀及发霉现象；关于澄明度，不得有肉眼可见的混浊和异物。当然除了查看兽药的外包装、产品说明书，以及对兽药进行必要的外观检查以外，如怀疑兽药质量，还可委托兽药监察所等检测单位对兽药质量进行鉴定。

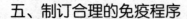

五、制订合理的免疫程序

养殖场应根据《中华人民共和国动物防疫法》及《动物防疫条件审核管理办法》有关规定，结合猪养殖的防疫需求，合理制订免疫程序。

（一）猪场建设

养殖场应从杜绝外来病原传入、减少内部病原扩散、有利于猪健康生长等方面综合考虑，合理规划猪场建设。

（1）选址、布局符合动物防疫要求，生产区与管理区、生活区要严格分开，尽可能杜绝交叉感染现象的发生。

（2）猪舍的设计、建筑结构和材料符合防疫要求，采光、通风和污物、污水排放、防鼠防鸟等设施齐全，并且要符合猪养殖的需要。生产区内清洁道和污染道分设，避免交叉；厂区道路应铺设硬化道路，便于清洁、消毒，减少积水现象。

（3）建有病动物隔离圈舍和病死动物、污水、污物无害化处理设施、设备，设施设备安放地点应在厂区的下风向。

（4）猪场出入口应设有隔离和消毒设施、设备，杜绝外部传染病源的传入。

（5）养殖场应建立一套单位工作人员人尽皆知的、科学有效的防疫制度。

（6）猪场应配置有经验的专业兽医人员，以利于疫病的及早发现、控制、诊断及消灭。

（二）加强饲养管理

健康的猪首先是养出来。良好的生长环境和动物福利、优质的种源、优质的饲料、优质的设备、科学的饲养管理手段以及尽职尽责的饲养员是重点。只有健康猪群，才有高抵抗力，才有良好的免疫机能。

(三) 实施科学免疫

1. 依据上游猪场以及饲养场周边疫病流行情况制订科学合理的免疫程序。当地常发疫病、流行疫病是防疫的重点，在此基础上，制订有效的防疫措施。及时采取封场、封栋防疫隔离措施。必要时采取及时免疫、免疫监测、加强免疫等有效手段，提高猪群免疫力，最大限度地降低疫病传入风险以及可能由此造成的疫病损失。

2. 做好常发疫病的免疫是日常防疫的重点工作。猪瘟、细小病毒感染、伪狂犬病是养殖场的常发病毒性疾病，做好疫病的免疫工作是养殖场能否赚钱的关键因素之一。

3. 对猪群实施疫苗免疫接种，保障猪群健康。

(1) 选择合适的疫苗　一是应根据所需防病的种类、猪的生长阶段、上游种猪场和当地疫病流行状况、饲养规模等选择针对性的疫苗；二是选择正规厂家生产的疫苗；三是选择优质、有效的疫苗；四是选择与当地流行毒株相同的疫苗毒株。

(2) 采取正确的免疫方法和操作　猪免疫方法包括滴鼻、饮水、注射，应根据疫苗种类、猪生长阶段选择恰当的免疫方法。每一种免疫方法都有规范的免疫操作要求，应按照正确要求实施免疫，保证免疫确实，减少免疫应激。

(3) 掌握最佳的免疫时机　应根据疫病的发生规律、流行特点、母源抗体和免疫抗体消长规律等因素选择适宜的免疫时机，弥补免疫空白期，降低免疫离散度、增强免疫针对性，提高免疫保护效果。

(4) 实施抗体监测　及时掌握猪群整体免疫抗体水平，是确保免疫成功的重要手段。根据监测结果及时调整免疫疫苗、免疫程序，使猪群始终维持最佳的免疫保护状态是避免免疫失败的关键。

第三节　猪用药选择

一、猪的生物学特点

（1）繁殖率高，世代间隔短　猪性成熟早，一般 4～5 月龄，6～8 月龄即可初配。四季发情，多胎高产，妊娠期平均为 114d，母猪的利用年限一般为 5～6 年。猪是长年发情的多胎动物，一年可分娩两胎，如果缩短哺乳期，对母猪进行激素处理，可以两年五胎，甚至一年三胎。经产母猪平均 1 胎产仔 10 头左右。高产母猪的窝产仔猪数可达 20 头左右。

（2）食性广，饲料报酬高　猪虽属单胃动物，但具有杂食性，既能吃植物性饲料，又能吃动物性饲料，因此，饲料来源广泛。但对食物具有选择性，能辨别口味，特别喜欢甜食。猪的采食量大，但很少过饱，消化极快，能消化大量的饲料，以满足生长发育的需要。对饲料中的能量和蛋白质利用率高，但对粗饲料中粗纤维消化较差，而且饲料中粗纤维含量过高对饲料中其他营养物质的消化也有影响。因此，饲料中不宜添加过多的粗饲料。

（3）沉积脂肪能力强，生长期短，出栏早　猪的生长发育很快，6 月龄，体重达 80kg 左右，即可上市提供肉食。一般每增重 1kg 需 3～4kg 精料。

（4）适应性广泛　猪的适应能力很强，表现为地理分布广泛。

（5）喜清洁，易调教　猪是爱清洁的动物，采食、睡眠和排粪尿都有特定的位置，一般喜欢在清洁干燥的地方躺卧，在墙脚潮湿有粪便气味处排粪便。猪属平衡灵活的神经类型，易于调教。在生产实践中可利用猪的这一特性，建立有利的条件反射，如通过短期训练，可使猪在固定地点排粪便等。

(6) 定居漫游，群居位次明显　猪喜群居，同一小群或同窝仔猪间能和睦相处，但不同窝群的猪合在一起，就会相互撕咬，并按来源分小群躺卧，几日后才能形成一个有次序的群体。在猪群内，不论群体大小，都会按体质强弱建立明显的位次关系，体质好、战斗力强的排在前面，稍弱的排在后面，依次形成固定的位次关系，所以排序一旦确定，不要随意调换。

二、猪用药的给药方法

给药方法有内服给药、注射给药、直肠给药和皮肤给药等。

1. 内服给药　包括拌料和饮水，药物因受胃肠内容物、胃肠道内酸碱度、消化酶、胃肠道疾患、高热的影响而吸收不规则、不完全，故药效出现较慢，且内服给药，药物吸收后必须经过肝脏才能进入血液循环，部分药物在发挥作用之前即已被肝脏转化而失去活性，使进入体循环的药量减少。因此，肠道感染时，应选用肠道吸收率较低或不吸收的药物拌料或饮水；全身感染时，则应选用肠道吸收率较高的药物拌料或饮水。猪群发病期间，食欲下降时，饮水给药可获得有效药量；但对不溶于水或微溶于水的药物以及在水中易分解降效或不耐酸、不耐酶的药物则禁止以饮水方式给药。

2. 注射给药　包括皮下注射、肌内注射和静脉注射等。皮下组织血管较少、吸收较慢、刺激性较强的药物不宜做皮下注射；肌内注射吸收较快而完全，油溶液、混悬液、乳浊液均可肌内注射，但刺激性较强的药物宜深层肌肉注射。静脉注射，药效出现最快，适用于急救或需输入大量液体的情况，但一般的油溶液、混悬液、乳浊液不可静脉注射，以免发生栓塞，刺激性大的药物静脉注射时不可漏出血管。

3. 直肠给药　这是将药物灌注至直肠深部的给药方法。通过该种方法可以治疗便秘等，并在补充营养等方面能发挥较好的作用。

4. 皮肤给药　通过皮肤吸收药物以达到局部药效，特别适宜治疗体外寄生虫病。注意脂溶性大的杀虫药可被皮肤吸收，应防中毒。

三、猪用药注意事项

1. 不可盲目滥用药物　药物均有特定的适应证，盲目滥用药物不仅不能达到治疗效果，还可能引起副作用。另外，对于食品动物，不能使用国家明令禁止的药物。

2. 选择敏感药物　不同药物抑制和杀灭病原体的能力不同，用药治疗时应合理选药，必要时应进行药敏试验，以便使用高度敏感性药物，提高治疗效果。

3. 剂量适当　剂量过大会造成药物浪费，并引起毒副作用；剂量不足，治疗效果差，用药时间长，容易诱导细菌产生耐药性。因此，要按照规定剂量用药，并定期更换药物，以防产生耐药菌株。考虑猪的品种、性别、年龄与个体差异等慎重用药，幼龄、老龄猪及母猪对药物的敏感性比成年猪高，用药剂量应相对小些，对体重小、体质弱的猪较体重大、体质强的也应适当降低用药剂量。

4. 防止毒副作用　有些药物进入机体后滞留时间较长，长期连续使用会蓄积中毒，如长期使用链霉素或庆大霉素预防猪慢性胃炎会引起药物蓄积中毒。有些药物在治疗疾病的同时，会产生一定的毒副作用，如长期大剂量使用喹诺酮类药物会引起猪肝肾功能异常，在生产中应特别注意。

5. 注意配伍禁忌　2种或2种以上的药物配合使用时，配伍不当会导致药物之间发生沉淀、分解、结块等理化反应，致使药效降低，达不到治疗效果或增加药物毒性，如磺胺类药物能中和抗生素类药物；维生素C为酸性，与碱性药物配伍会分解失效；泰乐菌素、泰妙菌素与莫能菌素、盐霉素等配伍会导致后者毒性增强。

6. 预留休药期 应按照国家规定期限预留出充足的休药期，保证猪肉产品安全、卫生，无国家禁止的药物残留。

7. 临床用药应标本兼治 猪患病时临床症状常是外表症候和现象，病原是致病内因，因此，必须标本兼治才能根除病患使猪康复。在临床诊疗中，由于猪食量大且采食粗，常将个体用药（如静脉注射、肌内注射）与整体口服用药（拌在饲料或饮水中）相结合；又由于目前中草药散剂、中西药合剂及中药针剂均很多，因此可采用中西药结合的方法治疗；在基层尤其是流行病发病早期，从临床症状上难以确诊病原时（如腹泻是由细菌引起还是由病毒引起的），在用药时则可将抗菌与抗病毒药配合使用，这样往往疗效显著。

第四节　兽药管理法规与制度

一、兽药管理法规概述

兽药是一类特殊的商品，既要安全、有效，还要质量可控。现代兽药安全的概念，不但针对临床的应用对象（靶动物），而且针对生产、使用兽药的人、动物性食品的消费者，以及生态环境等。其中，对动物性食品消费者的安全，关系到人类的健康，尤其值得重视。

为了加强对兽药的监督管理，保证兽药质量，有效防治畜禽等动物疾病，促进畜牧业发展和维护人体健康，我国制定了严格的兽药管理法规与制度。

我国的《兽药管理条例》是 1987 年 5 月 21 日由国务院发布的，它标志着兽药法规化管理的开始。1988 年 6 月农业部又颁布并施行了《兽药管理条例实施细则》。此后分别在 2001 年和 2004 年经过两次较大的修改。2004 年 3 月 24 日经国务院第 45 次常务会议通过，以国务院第 404 号令发布了现行的《兽药管理条例》，并于 2004 年 11 月 1 日起实施。在施行过程中，我国于 2014 年和 2016 年两次对该条例进行了修订。

为了保障《兽药管理条例》的顺利实施，国家制定了一系列规章制度，包括《兽药注册管理办法》《兽用处方药和非处方药管理办法》《兽用生物制品管理办法》《兽药进口管理办法》《兽药标签和说明书管理办法》《兽药广告管理办法》《兽药生产质量管理规范（GMP）》《兽药经营质量管理规范（GSP）》《兽药非临床研究质量管理规范（GLP）》和《兽药临床试验质量管理规范（GCP）》等。

二、兽用处方药与非处方药管理制度

《兽用处方药和非处方药管理办法》（以下简称《办法》）经 2013 年 8 月 1 日农业部第 7 次常务会议审议通过，2013 年 9 月 11 日中华人民共和国农业部令 2013 年第 2 号发布。该《办法》自 2014 年 3 月 1 日起施行。该办法确立了以下五项制度：①兽药分类管理制度：根据兽药的安全性和使用风险程度，将兽药分为处方药和非处方药。兽用处方药目录的制定及公布，由农业部负责。②兽用处方药和非处方药标识制度：该办法规定兽用处方药、非处方药须在标签和说明书上分别标注"兽用处方药"和"兽用非处方药"字样。③兽用处方药经营制度：兽用处方药不得采用开架自选方式销售。兽药经营者对兽用处方药、兽用非处方药应当分区或分柜摆放，并在经营场所显著位置悬挂或者张贴"用处方药必须凭注册执业兽医处方购买"的提示语。④兽医处方权制度：兽用处方药应当凭兽医处方笺方可买卖，兽医处方笺由依法注册的执业兽医按照其注册的执业范围开具。但进出口兽用处方药或者向动物诊疗机构等特殊单位销售兽用处方药的，则无需凭处方买卖。同时，该《办法》还对执业兽医处方笺的内容和保存作了明确规定。⑤兽用处方药违法行为处罚五项制度：对违反该《办法》有关规定，明确了适用《兽药管理条例》予以行政处罚的具体条款。

　　为确保该《办法》的有效实施，农业部还配套发布了《兽用处方药品种目录（第一批）》《乡村兽医基本用药目录》和《兽用处方药品种目录（第二批）》。其中第一批兽用处方药品种目录涵盖了 9 大类共227 个品种：抗微生物药（150 种）包括抗生素和合成抗菌药两类；抗寄生虫药（15 种）包括抗蠕虫药、抗原虫药和杀虫药 3 类；中枢神经系统药物（20 种）包括中枢兴奋药、镇静药与抗惊厥药、麻醉性镇痛药和全身麻醉药与化学保定药 4 类；外周神经系统药物（9 种）包括拟胆碱药、抗胆碱药、拟肾上腺素药和局部麻醉药；抗炎药 7 种；泌尿生殖系统药物 9 种；抗过敏药 3 种；局部用药物 8 种；解毒药 6 种。

　　《乡村兽医基本用药目录》则由全部兽用非处方药和 152 个兽用处方药组成，其中兽用处方药在《兽用处方药品种目录（第一批）》的基础上删去了 70 个品种。一是删去了预混于饲料中使用的品种，即所有预混剂；二是删去了长效制剂，如长效土霉素注射液、长效盐酸土霉素注射液；三是删去了人兽共用抗菌药中，耐药情况相对突出或尚属人医一线使用的药物品种，如环丙沙星、诺氟沙星、氧氟沙星、培氟沙星和洛美沙星类药物，头孢氨苄注射液、硫酸头孢喹肟注射液等；四是删去了属国家管制品种或使用风险较大的品种，如氯氰菊酯溶液（水产用）、溴氰菊酯溶液（水产用）、安钠咖注射液、镇静药与抗惊厥药、麻醉性镇痛药、全身麻醉与化学保定药等。《兽用处方药品种目录（第二批）》则共包括 19 种兽药，具体见表 1-4。

表 1-4　兽用处方药品种目录（第二批）

序号	通用名称	分类	备注
1	硫酸黏菌素预混剂	抗生素类	
2	硫酸黏菌素预混剂（发酵）	抗生素类	
3	硫酸黏菌素可溶性粉	抗生素类	
4	三合激素注射液	泌尿生殖系统药物	
5	复方水杨酸钠注射液	中枢神经系统药物	含巴比妥

（续）

序号	通用名称	分类	备注
6	复方阿莫西林粉	抗生素类	
7	盐酸氨丙啉磺胺喹噁啉钠可溶性粉	磺胺类药	
8	复方氨苄西林粉	抗生素类	
9	氨苄西林钠可溶性粉	抗生素类	
10	高效氯氰菊酯溶液	杀虫药	
11	硫酸庆大-小诺霉素注射液	抗生素类	
12	复方磺胺二甲嘧啶钠可溶性粉	磺胺类药	
13	联磺甲氧苄啶预混剂	磺胺类药	
14	复方磺胺喹噁啉钠可溶性粉	磺胺类约	
15	精制敌百虫粉	杀虫药	
16	敌百虫溶液（水产用）	杀虫药	
17	磺胺氯达嗪钠乳酸甲氧苄啶可溶性粉	磺胺类药	
18	注射用硫酸头孢喹肟	抗生素类	
19	乙酰氨基阿维菌素注射液	抗生素类	

三、不良反应报告制度

不良反应是指按正常用法、用量应用药物在诊断、预防或治疗疾病过程中，发生与治疗目的无关的有害反应。其特定的发生条件是按正常剂量与正常用法用药，在内容上排除了因药物滥用、超量误用、不按规定方法使用药品及质量问题等情况所引起的反应。

我国的《兽药管理条例》规定，"国家实行兽药不良反应报告制度。兽药生产企业、经营企业、兽药使用单位和开具处方的兽医人员发现可能与兽药使用有关的严重不良反应，应当立即向所在地人民政府兽医行政管理部门报告。"首次以法律的形式规定了不良反应的报告制度。有些兽药在申请注册登记或者进口注册时，由于科学技术发展的限制，当时没有发现对环境或者人类有不良影响，在使用一段时间后，兽药的不良反应才被发现，这时，就应当立即采取有效措施，防止这种不良反应的扩大或者造成更严重的后果。为了保证兽药的安全、可靠，最终保障人体健康，在使用兽药过程中，发现某种兽药有严重的不良反应，兽药生产企业、经营企业、兽药使用单位和开具处方的兽医人员有义务向所在地的兽医行政主管部门及时报告。

第二章

猪常用药物

第一节 抗 菌 药

一、抗生素

青霉素钠（钾）

青霉素属杀菌性抗生素，能抑制细菌细胞壁黏肽的合成，对生长繁殖期细菌敏感，对非生长繁殖期的细菌不起杀菌作用。临床上应避免将青霉素与抑制细胞生长繁殖的"快效抑菌剂"（如氟苯尼考、四环素类、红霉素等）合用。主要敏感菌有葡萄球菌、链球菌、猪丹毒杆菌、棒状杆菌、破伤风梭菌、放线菌、炭疽杆菌、螺旋体等。对分支杆菌、支原体、衣原体、立克次体、诺卡菌、真菌和病毒均不敏感。

药物相互作用 与氨基糖苷类呈现协同作用；大环内酯类、四环素类和酰胺醇类等快效抑菌剂对青霉素的杀菌活性有干扰作用，不宜合用；重金属离子（尤其是铜、锌、汞）、醇类、酸、碘、氧化剂、还原剂、羟基化合物，呈酸性的葡萄糖注射液或盐酸四环素注射液等可破坏青霉素的活性，禁止配伍；胺类与青霉素可形成不溶性盐，可以延缓青霉素的吸收，如普鲁卡因青霉素；青霉素钠水溶液与一些药物溶液（如盐酸氯丙嗪、盐酸林可霉素、酒石酸去甲肾上腺素、盐酸土霉素、盐酸四环素、B 族维生素及维生素 C）不宜混合，否则可产生混浊、絮状物或沉淀。

注射用青霉素钠　本品为青霉素钠的无菌粉末。

【作用与用途】β-内酰胺类抗生素。主要用于革兰氏阳性菌感染，亦用于放线菌及钩端螺旋体等的感染。

【用法与用量】 以青霉素钠计。肌内注射：一次量，每 1 kg 体重 2 万～3 万 U。一天 2～3 次，连用 2～3d。

临用前，加灭菌注射用水适量使溶解。

【不良反应】（1）主要是过敏反应，大多数家畜均可发生，但发生率较低。局部反应表现为注射部位水肿、疼痛，全身反应为荨麻疹、皮疹，严重者可引起休克或死亡。

（2）对某些动物，青霉素可诱导胃肠道的二重感染。

【注意事项】（1）青霉素钠易溶于水，水溶液不稳定，很易水解，水解率随温度升高而加速，因此注射液应在临用前配制。必需保存时，应置冰箱中（2～8℃），可保存 7d，在室温只能保存 24h。

（2）应了解与其他药物的相互作用和配伍禁忌，以免影响青霉素的药效。

（3）大剂量注射可能出现高钠血症。对肾功能减退或心功能不全猪会产生不良后果。

（4）治疗破伤风时宜与破伤风抗毒素合用。

注射用青霉素钾　**【作用与用途】【用法与用量】【不良反应】【注意事项】** 同注射用青霉素钠。

氨苄西林钠

氨苄西林钠具有广谱抗菌作用，对青霉素酶敏感，故对耐青霉素的金黄色葡萄球菌无效。对革兰氏阴性菌如大肠杆菌、变形杆菌、沙门氏菌、嗜血杆菌、布鲁氏菌和巴氏杆菌等有较强的作用，对铜绿假单胞菌不敏感。

药物相互作用 与下列药物有配伍禁忌：琥乙红霉素、乳糖酸红霉素、盐酸土霉素、盐酸四环素、盐酸金霉素、硫酸卡那霉素、硫酸庆大霉素、硫酸链霉素、盐酸林可霉素、硫酸多黏菌素 B、氯化钙、葡萄糖酸钙、B 族维生素、维生素 C 等。本品与氨基糖苷类合用，可提高后者在菌体内的浓度，呈现协同作用。大环内酯类、四环素类和酰胺醇类等快效抑菌剂对本品的杀菌作用有干扰作用，不宜合用。

注射用氨苄西林钠

【作用与用途】 β-内酰胺类抗生素。用于对氨苄西林敏感菌感染。

【用法与用量】 肌内、静脉注射：一次量，每 1kg 体重 10～20mg。一天 2～3 次，连用 2～3d。

【不良反应】 本类药物可出现与剂量无关的过敏反应，表现为皮疹、发热、嗜酸性细胞增多、白细胞和血小板减少、贫血、淋巴结病或全身性过敏反应。

【注意事项】 对青霉素酶敏感，不宜用于耐青霉素的金黄色葡萄球菌感染。

【休药期】 15d。

阿 莫 西 林

阿莫西林具有广谱抗菌作用。抗菌谱及抗菌活性与氨苄西林基本相同，对大多数革兰氏阳性菌的抗菌活性稍弱于青霉素，对青霉素酶敏感，故对耐青霉素的金黄色葡萄球菌无效。对革兰氏阴性菌如大肠埃希菌、变形杆菌、沙门氏菌、嗜血杆菌、布鲁氏菌和巴氏杆菌等有较强的作用。对铜绿假单胞菌不敏感。适用于敏感菌所致的呼吸系统、泌尿系统、皮肤及软组织等全身感染。

药物相互作用 本品与氨基糖苷类合用，可提高后者在菌体内的浓度，呈现协同作用。大环内酯类、四环素类和酰胺醇类等快效抑菌剂对本品的杀菌作用有干扰作用，不宜合用。

注射用阿莫西林钠

【作用与用途】β-内酰胺类抗生素。用于治疗对阿莫西林敏感的革兰氏阳性菌和革兰氏阴性菌感染。

【用法与用量】以阿莫西林计。皮下或肌内注射：一次量，每1kg体重，家畜5～10mg。一天2次，连用3～5d。

【不良反应】偶见过敏反应，注射部位有刺激性。

【注意事项】（1）对青霉素耐药的细菌感染不宜应用。

（2）对青霉素过敏的动物禁用。

【休药期】14d。

苯 唑 西 林 钠

苯唑西林钠抗菌谱比青霉素窄，但不易被青霉素酶水解，对耐青霉素的产酶金黄色葡萄球菌有效，对不产酶菌株和其他对青霉素敏感的革兰氏阳性菌的杀菌作用不如青霉素。肠球菌对本品耐药。

药物相互作用 与氨苄西林或庆大霉素合用可增强对细菌的抗菌活性。大环内酯类、四环素类和酰胺醇类等快效抑菌剂对苯唑西林钠的杀菌活性有干扰作用，不宜合用。重金属离子（尤其是铜、锌、汞）、醇类、酸、碘、氧化剂、还原剂、羟基化合物，呈酸性的葡萄糖注射液或盐酸四环素注射液等可破坏苯唑西林钠的活性，属配伍禁忌。

注射用苯唑西林钠

【作用与用途】β-内酰胺类抗生素。主要用于败血症、肺炎、乳腺炎、烧伤创面感染等。

【用法与用量】肌内注射：一次量，每1kg体重10～15mg。一天2～3次，连用2～3d。

【不良反应】 主要的不良反应是过敏反应，但发生率较低。局部反应表现为注射部位水肿、疼痛，全身反应为荨麻疹、皮疹，严重者可引起休克或死亡。

【注意事项】 (1) 苯唑西林钠水溶液不稳定，易水解，水解率随温度升高而加速，因此注射液应在临用前配制；必须保存时，应置冰箱中 (2~8℃)，可保存 7d，在室温只能保存 24h。

(2) 大剂量注射可能出现高钠血症。对肾功能减退或心功能不全猪会产生不良后果。

【休药期】 5d。

苄星青霉素

苄星青霉素属杀菌性抗生素，抗菌活性强，其抗菌作用机理主要是抑制细菌细胞壁黏肽的合成。临床上应避免与抑制细菌生长繁殖的"快效抑菌剂"(如氟苯尼考、四环素类、红霉素等) 合用。主要敏感菌有葡萄球菌、链球菌、猪丹毒杆菌、棒状杆菌、破伤风梭菌、放线菌、炭疽杆菌、螺旋体等。对分支杆菌、支原体、衣原体、立克次体、诺卡菌、真菌和病毒均不敏感。对急性重度感染不宜单独使用，须注射青霉素钠 (钾) 显效后，再用本品维持药效。

药物相互作用 本品与氨基糖苷类合用，可提高后者在菌体内的浓度，故呈现协同作用。大环内酯类、四环素类和酰胺醇类等快效抑菌剂对苄星青霉素的杀菌活性有干扰作用，不宜合用。重金属离子 (尤其是铜、锌、汞)、醇类、酸、碘、氧化剂、还原剂、羟基化合物，呈酸性的葡萄糖注射液或盐酸四环素注射液等可破坏其活性，属配伍禁忌。本品与一些药物溶液 (如盐酸氯丙嗪、盐酸林可霉素、酒石酸去甲肾上腺素、盐酸土霉素、盐酸四环素、B族维生素及维生素 C) 不宜混合，否则可产生混浊、絮状物或沉淀。

注射用苄星青霉素

【作用与用途】β-内酰胺类抗生素。为长效青霉素，用于革兰氏阳性细菌感染。

【用法与用量】肌内注射：一次量，每 1kg 体重 3 万～4 万 U。必要时 3～4d 重复一次。

【不良反应】主要不良反应是过敏反应，大多数家畜均可发生，但发生率较低。局部反应表现为注射部位水肿、疼痛，全身反应为荨麻疹、皮疹，严重者可引起休克或死亡。

【注意事项】（1）本品血药浓度较低，急性感染时应与青霉素钠（钾）合用。

（2）注射液应在临用前配制。

（3）应注意与其他药物的相互作用和配伍禁忌，以免影响其药效。

【休药期】5d。

头 孢 氨 苄

头孢氨苄属杀菌性抗生素。抗菌谱广，对革兰氏阳性菌抗菌活性较强，但肠球菌除外。对部分革兰氏阴性菌如大肠埃希菌、奇异变形杆菌、克雷伯氏菌、沙门氏菌和志贺氏菌等有抗菌作用。

头孢氨苄注射液

【作用与用途】抗生素类药。主要用于治疗猪由敏感菌引起的感染。

【用法与用量】以头孢氨苄计。肌内注射：一次量，每 1kg 体重，猪 10mg。一天 1 次。

【不良反应】（1）有潜在的肾毒性。

（2）有胃肠道反应，表现为厌食、呕吐和腹泻。

【注意事项】（1）本品应振摇均匀后使用。

（2）对头孢菌素、青霉素过敏动物慎用。

【休药期】猪 28d。

头孢噻呋（钠）

头孢噻呋具有广谱杀菌作用，对革兰氏阳性菌、革兰氏阴性菌（包括产毯内酰胺酶菌）均有效。敏感菌主要有多杀性巴氏杆菌、溶血性巴氏杆菌、胸膜肺炎放线杆菌、沙门氏菌、大肠埃希菌、链球菌、葡萄球菌等，某些铜绿假单胞菌、肠球菌耐药。本品抗菌活性比氨苄西林强，对链球菌的活性比氟喹诺酮类强。

药物相互作用　与青霉素、氨基糖苷类药物合用有协同作用。

注射用头孢噻呋

【作用与用途】β-内酰胺类抗生素。主要用于猪细菌性呼吸道感染。

【用法与用量】以头孢噻呋计。肌内注射：一次量，每 1kg 体重，猪 3mg。一天 1 次，连用 3d。

【不良反应】（1）可能引起胃肠道菌群紊乱或二重感染。

（2）有一定的肾毒性。

【注意事项】对肾功能不全的猪应调整剂量。

【休药期】1d。

注射用头孢噻呋钠

【作用与用途】【用法与用量】及**【不良反应】**同注射用头孢噻呋。

【注意事项】（1）现配现用。

（2）对肾功能不全的猪应调整剂量。

（3）对 β-内酰胺类抗生素高敏的人应避免接触本品，避免儿童接触。

【休药期】4d。

硫酸头孢喹肟

头孢喹肟是动物专用第四代头孢菌素类抗生素。通过抑制细胞壁的合成达到杀菌效果，具有广谱抗菌活性，对 β-内酰胺酶稳定。头孢喹肟对常见的革兰氏阳性和革兰氏阴性菌敏感，包括大肠埃希菌、枸橼酸杆菌、克雷伯氏菌、巴氏杆菌、变形杆菌、沙门氏菌、黏质沙雷菌、化脓放线菌、芽孢杆菌属的细菌、棒状杆菌、金黄色葡萄球菌、链球菌、类杆菌、梭状芽孢杆菌、梭杆菌属的细菌、普雷沃菌、放线杆菌和猪丹毒杆菌等。

注射用硫酸头孢喹肟

【作用与用途】β-内酰胺类抗生素。用于治疗由多杀性巴氏杆菌或胸膜肺炎放线杆菌引起的猪呼吸系统疾病。

【用法与用量】肌内注射：一次量，每1kg体重2mg。一天1次，连用3~5d。

【不良反应】按规定的用法用量使用尚未见不良反应。

【注意事项】（1）对 β-内酰胺类抗生素过敏的动物禁用。

（2）对青霉素和头孢类抗生素过敏者勿接触本品。

（3）现用现配。

（4）本品在溶解时会产生气泡，操作时应加以注意。

【休药期】3d。

硫酸头孢喹肟注射液

【用法与用量】以硫酸头孢喹肟计。肌内注射：一次量，每1kg体重2~3mg。一天1次，连用3~5d。

【作用与用途】【不良反应】【注意事项】及【休药期】同注射用硫酸头孢喹肟。

链 霉 素

链霉素通过干扰细菌蛋白质合成过程，致使合成异常的蛋白质、阻碍已合成的蛋白质释放，还可使细菌细胞膜通透性增加导致一些重要生理物质的外漏，最终引起细菌死亡。链霉素对结核杆菌和多种革兰氏阴性杆菌，如大肠杆菌、沙门氏菌、布鲁氏菌、巴氏杆菌、志贺氏痢疾杆菌、鼻疽杆菌等有抗菌作用。对金黄色葡萄球菌等多数革兰氏阳性球菌的作用差。链球菌、铜绿假单胞菌和厌氧菌对本品固有耐药。

药物相互作用 与其他具有肾毒性、耳毒性和神经毒性的药物，如两性霉素、其他氨基糖苷类药物、多黏菌素 B 等联合应用时慎重。与作用于髓袢的利尿药（呋塞米）或渗透性利尿药（甘露醇）合用，可使氨基糖苷类药物的耳毒性和肾毒性增强。与全身麻醉药或神经肌肉阻断剂联合应用，可加强神经肌肉传导阻滞。与青霉素类或头孢菌素类合用对铜绿假单胞菌和肠球菌有协同作用，对其他细菌可能有相加作用。

注射用硫酸链霉素

【作用与用途】氨基糖苷类抗生素。主要用于治疗敏感的革兰氏阴性菌感染。

【用法与用量】肌内注射：一次量，每 1kg 体重，家畜 10～15mg。一天 2 次，连用 2～3d。

【不良反应】（1）耳毒性。链霉素最常引起前庭损害，这种损害可随连续给药的药物积累而加重，并呈剂量依赖性。

（2）剂量过大导致神经肌肉阻断作用。

（3）长期应用可引起肾脏损害。

【注意事项】（1）链霉素与其他氨基糖苷类有交叉过敏现象，对氨基糖苷类过敏的猪禁用。

（2）猪出现脱水（可致血药浓度增高）或肾功能损害时慎用。

（3）用本品治疗泌尿道感染时，可同时内服碳酸氢钠使尿液呈碱性，以增强药效。

（4）Ca^{2+}、Mg^{2+}、Na^+、NH_4^+和K^+等阳离子可抑制本类药物的抗菌活性。

（5）与头孢菌素、右旋糖酐、强效利尿药（如呋塞米等）、红霉素等合用，可增强本类药物的耳毒性。

（6）骨骼肌松弛药（如氯化琥珀胆碱等）或具有此种作用的药物可加强本类药物的神经肌肉阻滞作用。

【休药期】18d。

硫酸双氢链霉素

硫酸双氢链霉素属于氨基糖苷类抗生素，通过干扰细菌蛋白质合成过程，致使合成异常的蛋白质、阻碍已合成的蛋白质释放，还可使细菌细胞膜通透性增强导致一些重要生理物质的外漏，最终引起细菌死亡。双氢链霉素对结核杆菌和多种革兰氏阴性杆菌，如大肠埃希菌、沙门氏菌、布鲁氏菌、巴氏杆菌、志贺氏痢疾杆菌、鼻疽杆菌等有抗菌作用。对金黄色葡萄球菌等多数革兰氏阳性球菌的作用差。链球菌、铜绿假单胞菌和厌氧菌对本品固有耐药。

药物相互作用 与青霉素类或头孢菌素类合用有协同作用。本类药物在碱性环境中抗菌作用增强，与碱性药物（如碳酸氢钠、氨茶碱等）合用可增强抗菌效力，但毒性也相应增强。当pH超过8.4时，抗菌作用反而减弱。Ca^{2+}、Mg^{2+}、Na^+、NH_4^+和K^+等阳离子可抑制本类药物的抗菌活性。与头孢菌素、右旋糖酐、强效利尿药（如呋塞米等）、红霉素等合用，可增强本类药物的耳毒性。骨骼肌松弛药（如氯化琥珀胆碱等）或具有此种作用的药物可加强本类药物的神经肌肉阻滞作用。

注射用硫酸双氢链霉素

【作用与用途】抗生素类药。用于革兰氏阴性菌感染。

【用法与用量】以双氢链霉素计。肌内注射：一次量，每 1kg 体重，猪 10mg。一天 2 次。

【不良反应】（1）耳毒性比较强，最常引起前庭损害，这种损害可随连续给药的药物积累而加重，呈剂量依赖性。

（2）剂量过大易导致神经肌肉阻断作用。

（3）长期应用可引起肾脏损害。

【注意事项】（1）与其他氨基糖苷类有交叉过敏现象，对氨基糖苷类过敏的猪禁用。

（2）猪出现脱水（可致血药浓度增高）或肾功能损害时慎用。

（3）用本品治疗泌尿道感染时，猪可同时内服碳酸氢钠使尿液呈碱性，以增强药效。

【休药期】猪 18d。

硫酸双氢链霉素注射液

【作用与用途】【用法与用量】【不良反应】【注意事项】及【休药期】同注射用硫酸双氢链霉素。

卡 那 霉 素

卡那霉素抗菌谱与链霉素相似，但作用稍强。对大多数革兰氏阴性杆菌如大肠杆菌、变形杆菌、沙门氏菌和多杀性巴氏杆菌等有强大抗菌作用，对金黄色葡萄球菌和结核杆菌也较敏感。铜绿假单胞菌、革兰氏阳性菌（金黄色葡萄球菌除外）、立克次体、厌氧菌和真菌等对本品耐药。与链霉素相似，敏感菌对卡那霉素易产生耐药。与新霉素存在交叉耐药性，与链霉素存在单向交叉耐药性。大肠杆菌及其他革兰氏阴性菌常出现获得性耐药。

药物相互作用 与青霉素类或头孢菌素类合用有协同作用。在碱性环境中抗菌作用增强，与碱性药物（如碳酸氢钠、氨茶碱等）合用可增强抗菌效力，但毒性也相应增强。当 pH 超过 8.4 时，抗菌作用反而减弱。Ca^{2+}、Mg^{2+}、Na^+、NH_4^+ 和 K^+ 等阳离子可抑制本品的抗菌活性。与头孢菌素、右旋糖酐、强效利尿药（如呋塞米等）、红霉素等合用，可增强本品的耳毒性。骨骼肌松弛药（如氯化琥珀胆碱等）或具有此种作用的药物可加强本类药物的神经肌肉阻滞作用。

硫酸卡那霉素注射液

【作用与用途】氨基糖苷类抗生素。用于治疗败血症及泌尿道、呼吸道感染，亦用于猪气喘病。

【用法与用量】以卡那霉素计。肌内注射：一次量，每 1kg 体重 10～15mg。一天 2 次，连用 3～5d。

【不良反应】（1）卡那霉素与链霉素一样有耳毒性、肾毒性，而且其耳毒性比链霉素、庆大霉素更强。

（2）神经肌肉阻断作用常由剂量过大导致。

【注意事项】（1）与其他氨基糖苷类有交叉过敏现象，对氨基糖苷类过敏的猪禁用。

（2）猪出现脱水或者肾功能损害时慎用。

（3）治疗泌尿道感染时，同时内服碳酸氢钠可增强药效。

（4）Ca^{2+}、Mg^{2+}、Na^+、NH_4^+ 和 K^+ 等阳离子可抑制本品抗菌活性。

（5）与头孢菌素、右旋糖酐、强效利尿药、红霉素等合用，可增强本品的耳毒性。

【休药期】28d。

注射用硫酸卡那霉素

【用法与用量】肌内注射：一次量，每 1kg 体重 10～15mg。一天 2 次，连用 2～3d。

【作用与用途】【不良反应】【注意事项】及**【休药期】**同硫酸卡

那霉素注射液。

庆 大 霉 素

庆大霉素属氨基糖苷类抗生素，对多种革兰氏阴性菌（如大肠杆菌、克雷伯氏菌、变形杆菌、铜绿假单胞菌、巴氏杆菌、沙门氏菌等）和金黄色葡萄球菌（包括产毯内酰胺酶菌株）均有抗菌作用。多数球菌（化脓链球菌、肺炎球菌、粪链球菌等）、厌氧菌（类杆菌属或梭状芽孢杆菌属）、结核杆菌、立克次体和真菌对本品耐药。

药物相互作用 庆大霉素与四环素、红霉素等合用可能出现颉颃作用。与头孢菌素、右旋糖酐、强效利尿药（如呋塞米等）、红霉素等合用，可增强本品的耳毒性。骨骼肌松弛药（如氯化琥珀胆碱等）或具有此种作用的药物可加强本品的神经肌肉阻滞作用。

硫酸庆大霉素注射液

【作用与用途】 氨基糖苷类抗生素。用于革兰氏阴性和阳性细菌感染。

【用法与用量】 以庆大霉素计。肌内注射：一次量，每 1kg 体重 2～4mg。一天 2 次，连用 2～3d。

【不良反应】 （1）耳毒性。常引起耳前庭损害，这种损害可随连续给药的药物积累而加重，呈剂量依赖性。

（2）偶见过敏反应。

（3）大剂量可引起神经肌肉传导阻断。

（4）可导致可逆性肾毒性。

【注意事项】 （1）庆大霉素可与 β-内酰胺类抗生素联合治疗严重感染，但在体外混合存在配伍禁忌。

（2）本品与青霉素联合，对链球菌具协同作用。

（3）有呼吸抑制作用，不宜静脉推注。

（4）与四环素、红霉素等合用可能出现颉颃作用。

（5）与头孢菌素合用可能使肾毒性增强。

【休药期】40d。

安 普 霉 素

安普霉素对多种革兰氏阴性菌（如大肠杆菌、假单胞菌、沙门氏菌、克雷伯氏菌、变形杆菌、巴氏杆菌、猪痢疾密螺旋体、支气管炎败血波氏杆菌）及葡萄球菌和支原体均具杀菌活性。革兰氏阴性菌对其较少耐药，许多分离自动物的病原性大肠杆菌及沙门氏菌对其敏感。安普霉素与其他氨基糖苷类不存在染色体突变引起的交叉耐药性。

药物相互作用 与青霉素类或头孢菌素类合用有协同作用。本品在碱性环境中抗菌作用增强，与碱性药物（如碳酸氢钠、氨茶碱等）合用可增强抗菌效力，但毒性也相应增强。当pH超过8.4时，抗菌作用反而减弱。与铁锈接触可使药物失活。与头孢菌素、右旋糖酐、强效利尿药（如呋塞米等）、红霉素等合用，可增强本品的耳毒性。骨骼肌松弛药（如氯化琥珀胆碱等）或具有此种作用的药物可加强本品的神经肌肉阻滞作用。

硫酸安普霉素可溶性粉

【作用与用途】氨基糖苷类抗生素。主要用于治疗猪革兰氏阴性菌引起的肠道感染。

【用法与用量】以安普霉素计。混饮：每1kg体重12.5mg。连用7d。

【不良反应】内服可能损害肠壁绒毛而影响肠道对脂肪、蛋白质、糖、铁等的吸收。也可引起肠道菌群失调，发生厌氧菌或真菌等二重感染。

【注意事项】（1）本品遇铁锈易失效，混饲机械要注意防锈，也不宜与微量元素制剂混合使用。

（2）饮水给药，必须当天配制。

【休药期】 21d。

硫酸安普霉素预混剂

【作用与用途】【不良反应】【注意事项】 及 **【休药期】** 同硫酸安普霉素可溶性粉。

【用法与用量】 以安普霉素计。混饲：每 1 000kg 饲料 80～100mg。连用 7d。

硫酸安普霉素注射液

【作用与用途】 同硫酸安普霉素可溶性粉。

【用法与用量】 以安普霉素计。肌内注射：每 1kg 体重，猪 20mg。一天 1 次。

【不良反应】 按规定的用法与用量使用尚未见不良反应。

【注意事项】 长期或大量应用可引起肾毒性。

【休药期】 28d。

土 霉 素

土霉素属四环素类广谱抗生素，对葡萄球菌、溶血性链球菌、炭疽杆菌、破伤风梭菌和梭状芽孢杆菌等革兰氏阳性菌作用较强，但不如 β-内酰胺类。对大肠埃希菌、沙门氏菌、布鲁氏菌和巴氏杆菌等革兰氏阴性菌较敏感，但不如氨基糖苷类和酰胺醇类抗生素。本品对立克次体、衣原体、支原体、螺旋体、放线菌和某些原虫也有抑制作用。

药物相互作用 与泰乐菌素等大环内酯类合用呈协同作用；与黏菌素合用，由于增强细菌对本类药物的吸收而呈协同作用。本类药物均能与二、三价阳离子等形成复合物，因而当它们与钙、镁、铝等抗酸药、含铁的药物或牛奶等食物同服时会减少其吸收，造成血药浓度降低。与碳酸氢钠同服时使土霉素胃内溶解度降低，吸收率下降，肾小管重吸收减少，排泄加快。与利尿药合用可使血尿素氮升高。

土霉素片

【作用与用途】四环素类抗生素。用于敏感的革兰氏阳性菌、革兰氏阴性菌和支原体等感染。

【用法与用量】以土霉素计。内服：一次量，每 1kg 体重 10～25mg。一天 2～3 次，连用 3～5d。

【不良反应】（1）局部刺激性，特别是空腹给药对消化道有一定刺激性。

（2）肠道菌群紊乱。

（3）影响牙齿和骨骼发育。

（4）对肝脏和肾脏有一定损害作用。偶尔可见致死性的肾中毒。

【注意事项】（1）肝、肾功能严重不良的猪禁用本品。

（2）怀孕母猪、哺乳母猪禁用。

（3）长期服用可诱发二重感染。

（4）避免与乳制品和含钙量较高的饲料同服。

【休药期】7d。

土霉素注射液

【作用与用途】同土霉素片。

【用法与用量】以土霉素计。肌内注射：一次量，每 1kg 体重，10～20mg。

【不良反应】（1）局部刺激作用。本类药物的盐酸盐水溶液有较强的刺激性，肌内注射可引起注射部位疼痛、炎症和坏死。

（2）影响牙齿和骨发育。四环素类药物进入机体后与钙结合，随钙沉积于牙齿和骨骼中。

（3）肝、肾损害。本类药物对肝、肾细胞有毒效应。四环素类抗生素可引起多种动物的剂量依赖性肾脏机能改变。

（4）抗代谢作用。四环素类药物可引起氮血症，而且可因类固醇类药物的存在而加剧，本类药物还可引起代谢性酸中毒及电解质失衡。

【注意事项】（1）本品应避光密闭，在凉暗的干燥处保存。忌日光照射。不用金属容器盛药。

（2）猪肝、肾功能严重损害时忌用。

【休药期】28d。

土霉素预混剂

【作用与用途】四环素类抗生素。用于预防某些革兰氏阳性和阴性细菌、立克次体、支原体等感染，促进仔猪的生长发育，提高饲料利用率。

【用法与用量】以土霉素计。混饲：每1 000kg饲料，仔猪20～30kg；育肥猪30～40kg。

【不良反应】按规定的用法与用量使用尚未见不良反应。

【注意事项】（1）怀孕母猪禁用。

（2）忌与含氯量多的自来水和碱性溶液混合。勿用金属容器盛药。

（3）避免与乳制品和含钙、镁、铝、铁等药物及含钙量较高的饲料混用。宜饲前空腹服用。

（4）长期应用可诱发耐药细菌和真菌的二重感染，严重者引起败血症而死亡。

【休药期】7d。

土霉素钙预混剂

【作用与用途】【用法与用量】【不良反应】及【休药期】同土霉素预混剂。

【注意事项】（1）怀孕母猪禁用。

（2）本品为饲料添加剂，不作治疗用。

（3）遇有吸潮、结块、发霉现象，应立即停止使用。

（4）在猪丹毒疫苗接种前 2d 和接种后 10d，不得使用本品。

（5）在低钙（0.4%～0.55%）饲料中连用不得超过 5d。

注射用盐酸土霉素

【作用与用途】同土霉素片。

【用法与用量】静脉注射：一次量，每 1kg 体重 5～10mg。一天 2 次，连用 2～3d。

【不良反应】（1）局部刺激作用。盐酸盐水溶液有较强的刺激性，肌内注射可引起注射部位疼痛、炎症和坏死，静脉注射可引起静脉炎和血栓。静脉注射宜用稀溶液，缓慢滴注，以减轻局部反应。

（2）肝、肾损害。对肝、肾细胞有毒效应，可引起多种动物的剂量依赖性肾脏机能改变。

（3）可引起氮血症，而且可因类固醇类药物的存在而加剧，还可引起代谢性酸中毒及电解质失衡。

【注意事项】（1）肝、肾功能严重不良的猪禁用。

（2）静脉注射宜缓注，不宜肌内注射。

【休药期】8d。

盐酸土霉素可溶性粉

【作用与用途】同注射用盐酸土霉素。

【用法与用量】以土霉素计。混饮：每 1L 水，猪 100～200mg。连用 3～5d。

【不良反应】长期应用可引起二重感染和肝脏损害。

【注意事项】（1）本品不宜与青霉素类药物和含钙盐、铁盐及多价金属离子的药物或饲料合用。

（2）与强利尿药同用可使肾功能损害加重。

（3）不宜与含氯量多的自来水和碱性溶液混合。

（4）肝肾功能严重受损的猪禁用。

【休药期】7d。

四 环 素

四环素为广谱抗生素，对葡萄球菌、溶血性链球菌、炭疽杆菌、破伤风梭菌和梭状芽孢杆菌等革兰氏阳性菌作用较强。对大肠杆菌、沙门氏菌、布鲁氏菌和巴氏杆菌等革兰氏阴性菌较敏感。本品对立克次体、衣原体、支原体、螺旋体、放线菌和某些原虫也有抑制作用。

药物相互作用 与泰乐菌素等大环内酯类合用呈协同作用；与黏菌素合用，由于增强细菌对本类药物的吸收而呈协同作用。与利尿药合用可使血尿素氮升高。

四环素片

【作用与用途】四环素类抗生素。主要用于革兰氏阳性菌、阴性菌和支原体感染。

【用法与用量】以四环素计。内服：一次量，每 1kg 体重，10～20mg。一天 2～3 次。

【不良反应】（1）有局部刺激作用，内服后可引起呕吐。

（2）引起肠道菌群扰乱，轻者出现维生素缺乏症，重者造成二重感染。

（3）影响牙齿和骨发育。四环素进入机体后与钙结合，随钙沉积于牙齿和骨骼中。

（4）肝、肾损害。本类药物对肝、肾细胞有毒效应。过量四环素可致严重的肝损害，尤其患有肾衰竭的动物。

（5）抗代谢作用。四环素类药物可引起氮血症；还可引起代谢性酸中毒及电解质失衡。

【注意事项】（1）易透过胎盘和进入乳汁，因此妊娠猪、哺乳畜禁用。

（2）肝、肾功能严重不良的猪忌用本品。

【休药期】10d。

注射用盐酸四环素

【作用与用途】同四环素片。

【用法与用量】静脉注射：一次量，每 1kg 体重，5～10mg，一天 2 次，连用 2～3d。

【不良反应】（1）本品的水溶液有较强的刺激性，静脉注射可引起静脉炎和血栓。

（2）肠道菌群紊乱，长期应用可出现维生素缺乏症，重者造成二重感染。

（3）影响牙齿和骨骼发育。四环素进入机体后与钙结合，随钙沉积于牙齿和骨骼中。

（4）肝、肾损害。过量四环素可致严重的肝损害和剂量依赖性肾脏机能改变。

（5）心血管效应。

【注意事项】（1）易透过胎盘和进入乳汁，因此妊娠猪、哺乳畜禁用。

（2）肝、肾功能严重不良的猪忌用本品。

【休药期】8d。

金 霉 素

金霉素属于四环素类广谱抗生素，对葡萄球菌、溶血性链球菌、炭疽杆菌、破伤风梭菌和梭状芽孢杆菌等革兰氏阳性菌作用较强，但不如 β-内酰胺类。对大肠埃希菌、沙门氏菌、布鲁氏菌和巴氏杆菌等革兰氏阴性菌较敏感，但不如氨基糖苷类和酰胺醇类抗生素。本品对立克次体、衣原体、支原体、螺旋体、放线菌和某些原虫也有抑制作用。

药物相互作用 金霉素能与镁、钙、铝、铁、锌、锰等多价金属离子形成难溶性的络合物，从而影响药物的吸收。因此，它不宜与含上述多价金属离子的药物、饲料及乳制品共服。

金霉素预混剂

【作用与用途】 四环素类抗生素。用于仔猪促生长；治疗断奶仔猪腹泻；治疗猪气喘病、增生性肠炎等。

【用法与用量】 以金霉素计。促生长，混饲：每 1 000kg 饲料，仔猪 25～75g。

治疗，混饲：每 1 000kg 饲料，猪 400～600g。连用 7d。

【不良反应】 按规定的用法与用量使用尚未见不良反应。

【注意事项】 （1）低钙日粮（0.4%～0.55%）中每 1kg 饲料添加 100～200mg 金霉素时，连续用药不得超过 5d。

（2）在猪丹毒疫苗接种前 2d 和接种后 10d 内，不得使用金霉素。

【休药期】 猪 7d。

盐酸多西环素

盐酸多西环素属四环素类广谱抗生素，具有广谱抑菌作用，敏感菌包括肺炎球菌、链球菌、部分葡萄球菌、炭疽杆菌、破伤风梭菌、棒状杆菌等革兰氏阳性菌，以及大肠杆菌、巴氏杆菌、沙门氏菌、布鲁氏菌和嗜血杆菌、克雷伯氏菌和鼻疽杆菌等革兰氏阴性菌。对立克次体、支原体（如猪肺炎支原体）、螺旋体等也有一定程度的抑制作用。

药物相互作用 与碳酸氢钠同服，可升高胃内 pH，使本品的吸收减少及活性降低。本品能与二、三价阳离子等形成复合物，因而当其与钙、镁、铝等抗酸药、含铁的药物或牛奶等食物同服时会减少其吸收，造成血药浓度降低。与强利尿药如呋塞米等同用可使肾功能损害加重。可干扰青霉素类对细菌繁殖期的杀菌作用，宜避免同用。

盐酸多西环素片

【作用与用途】 四环素类抗生素。用于革兰氏阳性菌、阴性菌和支原体等的感染。

【用法与用量】以多西环素计。内服：一次量，每 1kg 体重 3～5mg。一天 1 次，连用 3～5d。

【不良反应】（1）本品内服后可引起呕吐。

（2）肠道菌群紊乱，长期应用可出现维生素缺乏症，重者造成二重感染。

（3）过量应用会导致胃肠功能紊乱，如厌食、呕吐或腹泻等。

【注意事项】（1）妊娠猪、哺乳畜禁用。

（2）肝、肾功能严重不良的猪禁用本品。

（3）避免与乳制品和含钙量较高的饲料同服。

【休药期】28d。

盐酸多西环素可溶性粉

【作用与用途】【不良反应】【注意事项】及【休药期】同盐酸多西环素片。

【用法与用量】以多西环素计。混饮：每 1L 水，猪 25～50mg。连用 3～5d。

盐酸多西环素注射液

【作用与用途】【注意事项】及【休药期】同盐酸多西环素片。

【用法与用量】以多西环素计。肌内注射，一次量，每 1kg 体重 5～10mg。每天 1 次。

【不良反应】（1）肌内注射可引起注射部位疼痛、炎症和坏死。

（2）多西环素具有一定的肝、肾毒性，过量可致严重的肝损害，致死性肾中毒偶尔可见。

红 霉 素

红霉素对革兰氏阳性菌的作用与青霉素相似，但其抗菌谱较青霉素广，敏感的革兰氏阳性菌有金黄色葡萄球菌（包括耐青霉素金黄色葡萄球菌)、肺炎球菌、链球菌、炭疽杆菌、李氏杆菌、腐败梭菌、气肿疽梭菌等。敏感的革兰氏阴性菌有流感嗜血杆菌、脑膜炎双球菌、布鲁氏菌、巴氏杆菌等。此外，红霉素对弯曲杆菌、支原体、衣原体、立克次体及钩端螺旋体也有良好作用。红霉素在碱性溶液中的抗菌活性增强。红霉素与其他大环内酯类及林可霉素的交叉耐药性较常见。

药物相互作用　红霉素与其他大环内酯类、林可胺类因作用靶点相同，不宜同时使用。与 β-内酰胺类合用表现为颉颃作用。红霉素有抑制细胞色素氧化酶系统的作用，与某些药物合用时可能抑制其代谢。

注射用乳糖酸红霉素

【作用与用途】大环内酯类抗生素。主要用于耐青霉素葡萄球菌感染，也用于其他革兰氏阳性菌及支原体感染。

【用法与用量】以乳糖酸红霉素计。静脉注射：一次量，每 1kg 体重 3～5mg。一天 2 次，连用 2～3d。临用前，先用灭菌注射用水溶解（不可用氯化钠注射液），然后用 5%葡萄糖注射液稀释，浓度不超过 0.1%。

【不良反应】无明显不良反应。

【注意事项】(1) 本品局部刺激性较强，不宜肌内注射。静脉注射的浓度过高或速度过快时，易发生局部疼痛和血栓性静脉炎，故静脉注射速度应缓慢。

(2) 在 pH 过低的溶液中很快失效，注射溶液的 pH 应维持在 5 以上。

【休药期】7d。

泰 乐 菌 素

泰乐菌素属大环内酯类抗菌药，对支原体作用较强，对革兰氏阳性菌和部分阴性菌有效。敏感菌有金黄色葡萄球菌、化脓链球菌、肺炎链球菌、化脓棒状杆菌等。

药物相互作用 与大环内酯类其他药物、林可胺类作用靶点相同，不宜同时使用。与β-内酰胺类合用表现为颉颃作用。有抑制细胞色素氧化酶系统的作用，与某些药物合用时可能抑制其代谢。

注射用酒石酸泰乐菌素

【作用与用途】 大环内酯类抗生素。主要用于治疗支原体及敏感革兰氏阳性菌引起的感染性疾病。

【用法与用量】 以酒石酸泰乐菌素计。皮下或肌内注射：一次量，每1kg体重，猪5～13mg。

【不良反应】 (1) 可能具有肝毒性，表现为胆汁淤积，也可引起呕吐和腹泻，尤其是高剂量给药时。

(2) 具有刺激性，肌内注射可引起剧烈的疼痛，静脉注射后可引起血栓性静脉炎及静脉周围炎。

【注意事项】 有局部刺激性。

【休药期】 21d。

磷酸泰乐菌素预混剂

【作用与用途】 同注射用酒石酸泰乐菌素。

【用法与用量】 以泰乐菌素计。混饲：每1 000kg饲料10～100g。

【不良反应】 可引起剂量依赖性胃肠道紊乱。

【注意事项】 (1) 因与其他大环内酯类、林可胺类作用靶点相同，不宜同时使用。

(2) 与β-内酰胺类合用表现为颉颃作用。

(3) 可引起人接触性皮炎，避免直接接触皮肤，沾染的皮肤要用清水洗净。

【休药期】 5d。

酒石酸泰万菌素

酒石酸泰万菌素属于大环内酯类动物专用抗生素，可抑制细菌蛋白质的合成，从而抑制细菌的繁殖。其抗菌谱近似于泰乐菌素，如对金黄色葡萄球菌（包括耐青霉素菌株）、肺炎球菌、链球菌、炭疽杆菌、猪丹毒杆菌、李氏杆菌、腐败梭菌、气肿疽梭菌等均有较强的抗菌作用。本品对其他抗生素耐药的革兰氏阳性菌有效，对革兰氏阴性菌几乎不起作用，对败血型支原体和滑液型支原体具有很强的抗菌活性。细菌对本品不易产生耐药性。

药物相互作用 对氯霉素类和林可霉素类的效应有颉颃作用，不宜同用。β-内酰胺类药物与本品（作为抑菌剂）联用时，可干扰前者的杀菌效能，需要发挥快速杀菌作用时，两者不宜同用。

酒石酸泰万菌素预混剂

【作用与用途】 大环内酯类抗生素。用于猪支原体感染。

【用法与用量】 以泰万菌素计。混饲：每1 000kg饲料，猪50～75g。连用7d。

【不良反应】 按规定的用法与用量使用尚未见不良反应。

【注意事项】（1）不宜与青霉素类联合应用。

（2）非治疗动物避免接触本品；避免眼睛和皮肤直接接触，操作人员应佩戴防护用品如面罩、眼镜和手套；严禁儿童接触本品。

【休药期】 猪3d。

替 米 考 星

替米考星属动物专用半合成大环内酯类抗生素。对支原体作用较强，抗菌作用与泰乐菌素相似，敏感的革兰氏阳性菌有金黄色葡萄球菌（包括耐青霉素金黄色葡萄球菌）、肺炎球菌、链球菌、炭疽杆菌、猪丹毒杆菌、李氏杆菌、腐败梭菌、气肿疽梭菌等。敏感的革兰氏阴性菌有嗜血杆菌、脑膜炎双球菌、巴氏杆菌等。对胸膜肺炎放线杆菌、巴氏杆菌及猪支原体的活性比泰乐菌素强。95%的溶血性巴氏杆菌菌株对本品敏感。

药物相互作用 与肾上腺素合用可增加猪的死亡。与其他大环内酯类、林可胺类的作用靶点相同，不宜同时使用。与β-内酰胺类合用表现为颉颃作用。

替米考星预混剂

【作用与用途】 大环内酯类抗生素。用于治疗猪胸膜肺炎放线杆菌、巴氏杆菌及支原体感染。

【用法与用量】 以替米考星计。混饲：每1 000kg饲料200～400g。连用15d。

【不良反应】 （1）本品对猪的毒性作用主要是心血管系统，可引起心动过速和收缩力减弱。

（2）猪内服后常出现剂量依赖性胃肠道紊乱，如呕吐、腹泻、腹痛等。

【注意事项】 替米考星对眼睛有刺激性，可引起过敏反应，避免直接接触。

【休药期】 14d。

吉 他 霉 素

吉他霉素属大环内酯类抗菌药，抗菌谱近似红霉素，作用机理与红霉素相同。敏感的革兰氏阳性菌有金黄色葡萄球菌（包括耐青霉素金黄色葡萄球菌）、肺炎球菌、链球菌、炭疽杆菌、猪丹毒杆菌、李氏杆菌、腐败梭菌、气肿疽梭菌等。敏感的革兰氏阴性菌有流感嗜血杆菌、脑膜炎双球菌、巴氏杆菌等。此外，对支原体也有良好作用。对大多数革兰氏阳性菌的抗菌作用略逊于红霉素，对支原体的抗菌作用近似泰乐菌素，对某些革兰氏阴性菌、立克次体、螺旋体也有效，对耐药金黄色葡萄球菌的作用优于红霉素和四环素。

药物相互作用　吉他霉素与其他大环内酯类、林可胺类和氯霉素因作用靶点相同，不宜同时使用。与 β-内酰胺类合用表现为颉颃作用。

吉他霉素片

【作用与用途】大环内酯类抗生素。用于治疗革兰氏阳性菌、支原体及钩端螺旋体等感染。

【用法与用量】以吉他霉素计。内服：一次量，每 1kg 体重 20～30mg。一天 2 次，连用 3～5d。

【不良反应】猪内服后可出现剂量依赖性胃肠道功能紊乱（呕吐、腹泻、肠疼痛等），发生率较红霉素低。

【注意事项】无。

【休药期】7d。

吉他霉素预混剂

【作用与用途】大环内酯类抗生素。用于治疗革兰氏阳性菌、支原体及钩端螺旋体等感染。也用于猪促生长。

【用法与用量】以吉他霉素计。混饲（促生长）：每 1 000kg 饲料 5～50g（500 万～5 000 万 U）。

混饲（治疗）：每 1 000kg 饲料 80～300g（8 000 万～30 000 万 U）。连用 5～7d。

【不良反应】【注意事项】及**【休药期】**同吉他霉素片。

氟 苯 尼 考

氟苯尼考属于抑菌剂，对多种革兰氏阳性菌、革兰氏阴性菌有较强的抗菌活性。溶血性巴氏杆菌、多杀性巴氏杆菌和猪胸膜肺炎放线杆菌对氟苯尼考高度敏感。体外氟苯尼考对许多微生物的抑菌活性与甲砜霉素相似或更强，一些因乙酰化作用对酰胺醇类耐药的细菌如大肠杆菌、肺炎克雷伯氏菌等仍可能对氟苯尼考敏感。

主要用于敏感菌所致的猪的细菌性疾病，如溶血性巴氏杆菌、多杀性巴氏杆菌和猪胸膜肺炎放线杆菌引起的猪呼吸系统疾病。

药物相互作用　大环内酯类和林可胺类与本品的作用靶点相同，均是与细菌核糖体 50S 亚基结合，合用时可产生颉颃作用。可能会颉颃青霉素类或氨基糖苷类药物的杀菌活性，但尚未在动物体内得到证明。

氟苯尼考注射液

【作用与用途】 酰胺醇类抗生素。用于巴氏杆菌和大肠杆菌感染。

【用法与用量】 以氟苯尼考计。肌内注射：一次量，每 1kg 体重 15～20mg。每隔 48h 一次，连用 2 次。

【不良反应】 （1）本品高于推荐剂量使用时有一定的免疫抑制作用。

（2）有胚胎毒性，妊娠期及哺乳期母猪慎用。

【注意事项】（1）疫苗接种期或免疫功能严重缺损的猪禁用。

（2）对肾功能不全猪需适当减量或延长给药间隔时间。

【休药期】 14d。

氟苯尼考粉

【作用与用途】【不良反应】【注意事项】 同氟苯尼考注射液。

【用法与用量】 以氟苯尼考计。内服：每 1kg 体重 20～30mg。一天 2 次，连用 3～5d。

【休药期】 20d。

氟苯尼考预混剂

【作用与用途】【不良反应】【注意事项】【休药期】 同氟苯尼考注射液。

【用法与用量】 以氟苯尼考计。混饲：每 1 000kg 饲料 20～40g。连用 7d。

甲砜霉素

甲砜霉素具有广谱抗菌作用，对革兰氏阴性菌的作用较革兰氏阳性菌强，对多数肠杆菌科细菌，包括伤寒杆菌、副伤寒杆菌、大肠埃希菌、沙门氏菌高度敏感，对其敏感的革兰氏阴性菌还有巴氏杆菌、布鲁氏菌等。敏感的革兰氏阳性菌有炭疽杆菌、链球菌、棒状杆菌、肺炎球菌、葡萄球菌等。衣原体、钩端螺旋体、立克次体也对本品敏感。对厌氧菌如破伤风梭菌、放线菌等也有相当作用。但结核杆菌、铜绿假单胞菌、真菌对其不敏感。

药物相互作用 大环内酯类和林可胺类与本品的作用靶点相同，均是与细菌核糖体 50S 亚基结合，合用时可产生颉颃作用。与 β-内酰胺类合用时，由于本品的快速抑菌作用，可产生颉颃作用。对肝微粒体药物代谢酶有抑制作用，可影响其他药物的代谢，提高血药浓度，增强药效或毒性，如可显著延长戊巴比妥钠的麻醉时间。

甲砜霉素片

【作用与用途】 酰胺醇类抗生素。主要用于治疗猪肠道、呼吸道等细菌性感染。

【用法与用量】 以甲砜霉素计。内服：一次量，每 1kg 体重 5～10mg。一天 2 次，连用 2～3d。

【不良反应】（1）本品有血液系统毒性，虽然不会引起再生障碍性贫血，但其可引起可逆性红细胞生成抑制。

（2）本品有较强的免疫抑制作用。

（3）长期内服可引起消化机能紊乱，出现维生素缺乏症或二重感染症状。

（4）有胚胎毒性。

（5）对肝微粒体药物代谢酶有抑制作用，可影响其他药物的代谢，提高血药浓度，增强药效或毒性，如可显著延长戊巴比妥钠的麻醉时间。

【注意事项】（1）疫苗接种期或免疫功能严重缺损的猪禁用。

（2）妊娠期及哺乳期母猪慎用。

（3）对肾功能不全猪要减量或延长给药间隔时间。

【休药期】28d。

甲砜霉素粉

【作用与用途】【不良反应】【注意事项】及**【休药期】**同甲砜霉素片。

【用法与用量】以甲砜霉素计。内服：一次量，每1kg体重5～10mg。一天2次，连用2～3次。

甲砜霉素注射液

【作用与用途】【不良反应】【注意事项】及**【休药期】**同甲砜霉素片。

【用法与用量】以本品计。肌内注射：每1kg体重，猪0.1mL。一天1～2次，连用2～3d。

林 可 霉 素

林可霉素属于抑菌剂，敏感菌包括金黄色葡萄球菌（包括耐青霉素菌株）、链球菌、肺炎球菌、炭疽杆菌、猪丹毒杆菌、某些支原体（猪肺炎支原体、猪鼻支原体、猪滑液囊支原体）、钩端螺旋体和厌氧菌（如梭杆菌、破伤风梭菌、产气荚膜梭菌及放线菌等）。

药物相互作用　与庆大霉素等合用时对葡萄球菌、链球菌等革兰氏阳性菌有协同作用。与氨基糖苷类和多肽类抗生素合用，可增强对神经肌肉接头的阻滞作用。因作用部位相同，与红霉素合用有颉颃作用。不宜与抑制肠道蠕动和含白陶土的止泻药合用。与卡那霉素、新生霉素等存在配伍禁忌。

盐酸林可霉素片

【作用与用途】林可胺类抗生素。用于革兰氏阳性菌感染，亦可用于猪密螺旋体病和支原体等感染。

【用法与用量】以林可霉素计。内服：一次量，每 1kg 体重 10～15mg。一天 1～2 次，连用 3～5d。

【不良反应】具有神经肌肉阻断作用。

【注意事项】猪用药后可能出现胃肠道功能紊乱。

【休药期】6d。

盐酸林可霉素可溶性粉

【作用与用途】【不良反应】及**【注意事项】**同盐酸林可霉素片。

【用法与用量】以林可霉素计，混饮，每升水，猪 40～70mg。连用 7d。

【休药期】5d。

盐酸林可霉素注射液

【作用与用途】及**【不良反应】**同盐酸林可霉素片。

【用法与用量】以林可霉素计。肌内注射：一次量，每 1kg 体重 10mg。一天 1 次。连用 3～5d。

【注意事项】肌内注射给药可能会引起一过性腹泻或排软便。虽然极少见，如出现应采取必要的措施以防脱水。

【休药期】2d。

泰 妙 菌 素

泰妙菌素高浓度下对敏感菌具有杀菌作用。泰妙菌素对支原体和猪痢疾密螺旋体具有良好的抗菌活性，对葡萄球菌、链球菌（D群链球菌除外）在内的大多数革兰氏阳性菌也有较好的抗菌活性。对胸膜肺炎放线杆菌有一定作用，对多数革兰氏阴性菌的抗菌活性较弱。

本品与金霉素以 1∶4 配伍，可治疗猪细菌性肠炎、细菌性肺炎、密螺旋体性猪痢疾，对支原体性肺炎、支气管败血波氏杆菌和多杀性巴氏杆菌混合感染所引起的肺炎疗效显著。

药物相互作用 与莫能菌素、盐霉素、甲基盐霉素等聚醚类抗生素同用，可影响上述聚醚类抗生素的代谢。与能结合细菌核糖体50S亚基的其他抗生素（如大环内酯类抗生素、林可霉素）合用，由于竞争相同作用位点，有可能导致药效降低。

延胡索酸泰妙菌素可溶性粉

【作用与用途】 截短侧耳素类抗生素。主要用于防治猪支原体肺炎、猪放线杆菌胸膜肺炎，也用于密螺旋体引起的猪痢疾（赤痢）和猪增生性肠炎（回肠炎）。

【用法与用量】 以延胡索酸泰妙菌素计。混饮：每1L水，猪45～60mg。连用5d。

【不良反应】 猪使用正常剂量，有时会出现皮肤红斑。应用过量，可引起猪短暂流涎、呕吐和中枢神经抑制。

【注意事项】 （1）禁止与莫能菌素、盐霉素、甲基盐霉素等聚醚类抗生素合用。

（2）使用者避免药物与眼及皮肤接触。

【休药期】 7d。

延胡索酸泰妙菌素预混剂

【作用与用途】【不良反应】【注意事项】 及**【休药期】** 同延胡索酸泰妙菌素可溶性粉。

【用法与用量】 以延胡索酸泰妙菌素计。混饲：每1 000kg饲料40～100g。连用5～10d。

硫酸黏菌素

黏菌素属多肽类抗菌药，对需氧菌及大肠杆菌、嗜血杆菌、克雷伯氏菌、巴氏杆菌、铜绿假单胞菌、沙门氏菌、志贺氏菌等革兰氏阴性菌有较强的抗菌作用。革兰氏阳性菌通常不敏感。与多黏菌素B

之间有完全交叉耐药，但与其他抗菌药物之间无交叉耐药性。

药物相互作用 与肌松药和氨基糖苷类等神经肌肉阻滞剂合用可能引起肌无力和呼吸暂停。与螯合剂（EDTA）和阳离子清洁剂联用，对铜绿假单胞菌有协同作用，常联合用于局部感染的治疗。

硫酸黏菌素可溶性粉

【作用与用途】多肽类抗生素。主要用于治疗猪革兰氏阴性菌所致的肠道感染。

【用法与用量】以黏菌素计。混饮：每 1L 水，猪 40～200mg。混饲：每 1kg 体重，猪 40～80mg。

【不良反应】按规定的用法用量使用尚未见不良反应。

【注意事项】连续使用不宜超过一周。

【休药期】7d。

硫酸黏菌素预混剂

【作用与用途】及【休药期】同硫酸黏菌素可溶性粉。

【用法与用量】以硫酸黏菌素计。混饲：每 1 000kg 饲料，猪 75～100g。连用 3～5d。

【不良反应】内服或局部给药时猪对黏菌素的耐受性很好，但全身应用可引起肾毒性、神经毒性和神经肌肉阻断效应，黏菌素的毒性比多黏菌素 B 小。

【注意事项】（1）超剂量使用可能引起肾功能损伤。

（2）本品经口给药吸收极少，不宜用于全身感染性疾病的治疗。

硫酸黏菌素注射液

【作用与用途】多肽类抗生素。用于治疗哺乳期仔猪大肠埃希菌病。

【用法与用量】以硫酸黏菌素计。肌内注射：一次量，每 1kg 体重，哺乳期仔猪 2～4mg。一天 2 次，连用 3～5d。

【不良反应】（1）多黏菌素全身应用可引起肾毒性、神经毒性和神经肌肉阻断效应。

(2) 与能引起肾功能损伤的药物合用，可增强其毒性。

【注意事项】（1）不能与碱性物质一起使用。

（2）本品毒性大，安全范围窄，应严格按照推荐剂量使用。

【休药期】 28d。

那 西 肽

那西肽属于畜禽专用抗生素。对革兰氏阳性菌的抗菌活性较强，如葡萄球菌、梭状芽孢杆菌对其敏感。作用机制是抑制细菌蛋白质合成，低浓度抑菌，高浓度有杀菌。对猪有促进生长、提高饲料转化率的作用。

那西肽预混剂

【作用与用途】 抗生素类药。用于猪促生长，可提高饲料转化率。

【用法与用量】 以那西肽计。混饲：每 1 000kg 饲料，猪 2.5～20g。

【不良反应】 按规定的用法与用量使用尚未见不良反应。

【注意事项】 仅用于 70kg 以下的猪（育成种猪除外）。

【休药期】 猪 7d。

二、化学合成抗菌药

磺 胺 嘧 啶

磺胺嘧啶属广谱抗菌药，通过与对氨基苯甲酸竞争二氢叶酸合成酶，从而阻碍敏感菌叶酸的合成而发挥抑菌作用。对大多数革兰氏阳性菌和部分革兰氏阴性菌有效，对球虫、弓形虫等也有效，但对螺旋体、立克次体、结核杆菌等无作用。对磺胺嘧啶较敏感的病原菌有：链球菌、肺炎球菌、沙门氏菌、化脓棒状杆菌、大肠杆菌等；一般敏感的有：葡萄球菌、变形杆菌、巴氏杆菌、产气荚膜梭菌、肺炎杆菌、炭疽杆菌、铜绿假单胞菌等。因剂量和疗程不足等原因，细菌易对磺胺嘧啶产生耐药性，尤以葡萄球菌最易产生，大肠杆菌、链球菌等次之。

药物相互作用 磺胺嘧啶与苄氨嘧啶类（如 TMP）合用，可产生协同作用。某些含对氨基苯甲酰基的药物如普鲁卡因、丁卡因等在体内可生成对氨基苯甲酸，酵母片中也含有细菌代谢所需要的对氨基苯甲酸，合用可降低本品作用。与噻嗪类或速尿等利尿剂同用，可加重肾毒性。

磺胺嘧啶片

【作用与用途】磺胺类抗菌药。用于敏感菌感染，也可用于弓形虫感染。

【用法与用量】以磺胺嘧啶计。内服：一次量，每 1kg 体重首次量 140～200mg，维持量 70～100mg。一天 2 次，连用 3～5d。

【不良反应】磺胺嘧啶或其代谢物可在尿液中产生沉淀，在高剂量给药或低剂量长期给药时更易产生结晶，引起结晶尿、血尿或肾小管堵塞。

【注意事项】（1）易在泌尿道中析出结晶，用药期间应给予猪大量饮水。大剂量、长期应用时宜同时给予等量的碳酸氢钠。

（2）肾功能受损时，排泄缓慢，应慎用。

（3）可引起肠道菌群失调，长期用药可引起 B 族维生素和维生素 K 的合成和吸收减少，宜补充相应的维生素。

（4）在猪出现过敏反应时，立即停药并给予对症治疗。

【休药期】5d。

磺胺嘧啶钠注射液

【作用与用途】同磺胺嘧啶片。

【用法与用量】以磺胺嘧啶钠计。静脉注射：一次量，每 1kg 体重 0.05~0.1g。一天 1~2 次，连用 2~3d。

【不良反应】（1）磺胺嘧啶或其代谢物可在尿液中产生沉淀，在高剂量给药或低剂量长期给药时更易产生结晶，引起结晶尿、血尿或肾小管堵塞。

（2）急性中毒，多发生于静脉注射时，速度过快或剂量过大。主要表现为神经兴奋、共济失调、肌无力、呕吐、昏迷、厌食和腹泻等。

【注意事项】（1）本品遇酸类可析出结晶，故不宜用 5% 葡萄糖液稀释。

（2）长期或大剂量应用易引起结晶尿，用药期间应同时应用碳酸氢钠，并给猪大量饮水。

（3）若出现过敏反应或其他严重不良反应，立即停药，并给予对症治疗。

（4）不可与四环素、卡那霉素、林可霉素等混合注射使用。

【休药期】10d。

复方磺胺嘧啶钠

本品属广谱抑菌剂，对大多数革兰氏阳性菌和部分革兰氏阴性菌有效，对球虫、弓形体等也有效。磺胺嘧啶与甲氧苄啶二者合用可产生协同作用，可使细菌叶酸的代谢受到双重阻断，增强抗菌效果。磺胺药的作用可被能代谢成对氨基苯甲酸的药物如普鲁卡因、丁卡因所颉颃。此外，脓液以及组织分解产物也可提供细菌生长的必需物质，与磺胺药产生颉颃作用。

药物相互作用 某些含对氨基苯甲酰基的药物如普鲁卡因、丁卡因等在体内可生成对氨基苯甲酸，酵母片中含有细菌代谢所需要的对氨基苯甲酸，可降低本药作用，因此，不宜合用。与噻嗪类或速尿等利尿剂同用，可加重肾毒性。磺胺类药物通常可以置换以下高蛋白结合率的药物，如甲氨蝶呤、保泰松、噻嗪类利尿药、水杨酸盐、丙磺舒、苯妥因，虽然这些相互作用临床意义还不完全清楚，但必须对被置换的药物的增强作用进行监测。抗酸药与磺胺类药物合用，可降低其生物利用度。

复方磺胺嘧啶钠注射液

【作用与用途】磺胺类抗菌药。用于敏感菌及弓形虫感染。

【用法与用量】以磺胺嘧啶钠计。肌内注射：一次量，每 1kg 体重 20～30mg。一天 1～2 次，连用 2～3d。

【不良反应】急性反应如过敏反应，慢性反应表现为粒细胞减少、血小板减少、肝脏损害、肾脏损害及中枢神经毒性反应。易在尿中沉积，长期或大剂量应用易引起结晶尿。

【注意事项】（1）本品遇酸类可析出结晶，故不宜用 5％葡萄糖液稀释。

（2）长期或大剂量应用，应同时应用碳酸氢钠，并给猪大量饮水。

（3）若出现过敏反应或其他严重不良反应时，立即停药，并给予对症治疗。

【休药期】20d。

磺胺对甲氧嘧啶

对革兰氏阳性菌和阴性菌如化脓性链球菌、沙门氏菌和肺炎杆菌等均有良好的抗菌作用。磺胺药的作用可被对氨基苯甲酸及其衍生物（普鲁卡因、丁卡因）所颉颃。此外，脓液以及组织分解产物也可提供细菌生长的必需物质，与磺胺药产生颉颃作用。本品抗菌作用较磺胺嘧啶稍弱，但对球虫和弓形虫有良好的抑制作用。

药物相互作用（1）与苄氨嘧啶类（抗菌增效剂）合用，可产生协同作用。

（2）某些含对氨基苯酰基的药物如普鲁卡因、丁卡因等在体内可生成对氨基苯甲酸，酵母片中含有细菌代谢所需要的对氨基苯甲酸，可降低本药作用，因此不宜合用。

（3）与噻嗪类或速尿等利尿剂同用，可加重肾毒性。

磺胺对甲氧嘧啶片

【作用与用途】磺胺类抗菌药。主要用于敏感菌感染，也可用于球虫感染。

【用法与用量】以磺胺对甲氧嘧啶计。内服：一次量，每1kg体重首次量50～100mg，维持量25～50mg。一天1～2次，连用3～5d。

【不良反应】磺胺对甲氧嘧啶或其代谢物可在尿液中产生沉淀，在高剂量和长期给药时更易产生结晶，引起结晶尿、血尿或肾小管堵塞。

【注意事项】（1）易在泌尿道中析出结晶，应给予猪大量饮水。大剂量、长期应用时宜同时给予等量的碳酸氢钠。

（2）肾功能受损时，排泄缓慢，应慎用。

（3）可引起肠道菌群失调，长期用药可引起B族维生素和维生素K的合成和吸收减少，宜补充相应的维生素。

（4）注意交叉过敏反应。在猪出现过敏反应时，立即停药并给予对症治疗。

【休药期】28d。

复方磺胺对甲氧嘧啶（钠）

本品对革兰氏阳性菌和阴性菌均有良好的抗菌作用。磺胺药在结构上类似对氨基苯甲酸，可与对氨基苯甲酸竞争细菌体内的二氢叶酸合成酶，阻碍二氢叶酸的合成，最终影响核酸的合成，抑制细菌的生长繁殖。磺胺药的作用可被对氨基苯甲酸及其衍生物（普鲁卡因、丁卡因）所颉颃。此外，脓液以及组织分解产物也可提供细菌生长的必需物质，与磺胺药产生颉颃作用。甲氧苄啶属于抗菌增效剂，可以抑制二氢叶酸还原酶的活性。二者合用可产生协同作用，增强抗菌效果。

药物相互作用 某些含对氨基苯甲酰基的药物如普鲁卡因、丁卡因等在体内可生成对氨基苯甲酸，酵母片中含有细菌代谢所需要的对氨基苯甲酸，可降低本药作用，因此，不宜合用。与噻嗪类或速尿等利尿剂同用，可加重肾毒性。与抗凝血剂合用时，甲氧苄啶和磺胺类药物可延长其凝血时间。抗酸药与磺胺类药物合用，可降低其生物利用度。

复方磺胺对甲氧嘧啶片

【作用与用途】磺胺类抗菌药。能双重阻断细菌叶酸代谢，增强抗菌效力。主用于敏感菌引起的泌尿道、呼吸道及皮肤软组织等感染。

【用法与用量】以磺胺对甲氧嘧啶计。内服：一次量，每 1kg 体重 20~25mg。一天 2~3 次，连用 3~5d。

【不良反应】急性反应如过敏反应，慢性反应表现为粒细胞减少、血小板减少、肝脏损害、肾脏损害及中枢神经毒性反应。

【注意事项】（1）易在泌尿道中析出结晶，应给予猪大量饮水。大剂量、长期应用时宜同时给予等量的碳酸氢钠。

（2）肾功能受损时，排泄缓慢，应慎用。

（3）可引起肠道菌群失调，长期用药可引起 B 族维生素和维生素 K 的合成和吸收减少，宜补充相应的维生素。

（4）在猪出现过敏反应时，立即停药并给予对症治疗。

【休药期】28d。

复方磺胺对甲氧嘧啶钠注射液

【作用与用途】【不良反应】【注意事项】及【休药期】同复方磺胺对甲氧嘧啶片。

【用法与用量】以磺胺对甲氧嘧啶钠计。肌内注射：一次量，每1kg体重15～20mg。一天1～2次，连用2～3d。

磺胺间甲氧嘧啶

本品属于广谱抗菌药物，是体内外抗菌活性最强的磺胺药，对大多数革兰氏阳性菌和阴性菌都有较强抑制作用，细菌对此药产生耐药性较慢。对革兰氏阳性菌和阴性菌如化脓性链球菌、沙门氏菌和肺炎杆菌等均有良好的抗菌作用。磺胺药的作用可被对氨基苯甲酸及其衍生物（普鲁卡因、丁卡因）所颉颃。此外，脓液以及组织分解产物也可提供细菌生长的必需物质，与磺胺药产生颉颃作用。

药物相互作用 与苄氨嘧啶类（抗菌增效剂）合用，可产生协同作用。某些含对氨基苯甲酰基的药物如普鲁卡因、丁卡因等在体内可生成对氨基苯甲酸，酵母片中也含有细菌代谢所需要的对氨基苯甲酸，合用可降低本药作用。与噻嗪类或速尿等利尿剂同用，可加重肾毒性。

磺胺间甲氧嘧啶片

【作用与用途】磺胺类抗菌药。用于敏感菌感染，也可用于猪弓形虫等感染。

【用法与用量】以磺胺间甲氧嘧啶计。内服：一次量，每1kg体重首次量50～100mg，维持量25～50mg。一天2次，连用3～5d。

【不良反应】磺胺及其代谢物可在尿液中产生沉淀，在高剂量给药或低剂量长期给药时更易产生结晶，引起结晶尿、血尿或肾小管堵塞。

【注意事项】（1）易在泌尿道中析出结晶，应给予猪大量饮水。大剂量、长期应用时宜同时给予等量的碳酸氢钠。

（2）肾功能受损时，排泄缓慢，应慎用。

（3）可引起肠道菌群失调，长期用药可引起B族维生素和维生素 K 的合成和吸收减少，宜补充相应的维生素。

（4）注意交叉过敏反应。在猪出现过敏反应时，立即停药并给予对症治疗。

【休药期】 28d。

磺胺间甲氧嘧啶粉

【作用与用途】 及 **【休药期】** 同磺胺间甲氧嘧啶片。

【用法与用量】 以磺胺间甲氧嘧计。内服：一次量，每 1kg 体重首次量 50～100mg，维持量 25～50mg。一天 2 次，连用 3～5d。

【不良反应】 长期使用可损害肾脏和神经系统，影响增重，并可能发生磺胺药中毒。

【注意事项】 （1）连续用药不宜超过 1 周。

（2）长期使用应同时服用碳酸氢钠以碱化尿液。

（3）本品忌与酸性药物如维生素 C、氯化钙、青霉素等配伍。

（4）磺胺药可引起肠道菌群失调，B 族维生素和维生素 K 的合成和吸收减少，此时宜补充相应的维生素。

（5）长期使用，可影响叶酸的代谢和利用，应注意添加叶酸制剂。

磺胺间甲氧嘧啶钠注射液

【作用与用途】 及 **【休药期】** 同磺胺间甲氧嘧啶片。

【用法与用量】 以磺胺间甲氧嘧啶钠计。静脉注射：一次量，每 1kg 体重 50mg。一天 1～2 次，连用 2～3d。

【不良反应】 （1）磺胺或其代谢物可在尿液中产生沉淀，在高剂量给药或低剂量长期给药时更易产生结晶，引起结晶尿、血尿或肾小管堵塞。

（2）磺胺注射液为强碱性溶液，对组织有强刺激性。

【注意事项】 （1）本品遇酸类可析出结晶，故不宜用 5% 葡萄糖液稀释。

（2）长期或大剂量应用易引起结晶尿，应同时应用碳酸氢钠，并给予猪大量饮水。

（3）若出现过敏反应或其他严重不良反应时，立即停药，并给予对症治疗。

复方磺胺间甲氧嘧啶注射液

【作用与用途】【不良反应】【注意事项】及**【休药期】**同磺胺间甲氧嘧啶钠注射液。

【用法与用量】以磺胺间甲氧嘧啶计。肌内注射：每1kg体重，猪20mg。每天1次，连用3d。

复方磺胺间甲氧嘧啶预混剂

【作用与用途】及**【休药期】**同磺胺间甲氧嘧啶钠注射液。

【用法与用量】以磺胺间甲氧嘧啶计。混饲：每1 000kg饲料，猪200～250g。

【不良反应】长期或大量使用可损害肾脏和神经系统，影响增重，并可能发生磺胺药中毒。

【注意事项】（1）连续用药不宜超过1周。

（2）长期使用应同时服用碳酸氢钠以碱化尿液。

复方磺胺间甲氧嘧啶钠注射液

【作用与用途】【不良反应】及**【休药期】**同磺胺间甲氧嘧啶钠注射液。

【用法与用量】以磺胺间甲氧嘧啶钠计。肌内注射：一次量，每1kg体重，猪20～30mg。一天1～2次，连用2～3d。

【注意事项】（1）本品不宜与乌洛托品合用。

（2）肝肾功能不全猪慎用。

（3）肌内注射有局部刺激性。

（4）妊娠及泌乳猪慎用。

复方磺胺间甲氧嘧啶钠粉

【作用与用途】【不良反应】【注意事项】及**【休药期】**同复方磺胺间甲氧嘧啶预混剂。

【用法与用量】以磺胺间甲氧嘧啶钠计。内服：一次量，每 1kg 体重，猪 20～25mg。一天 2 次，连用 3～5d。

磺胺二甲嘧啶

磺胺二甲嘧啶对革兰氏阳性菌和阴性菌如化脓性链球菌、沙门氏菌和肺炎杆菌等均有良好的抗菌作用。磺胺药的作用可被对氨基苯甲酸及其衍生物（普鲁卡因、丁卡因）所颉颃。此外，脓液以及组织分解产物也可提供细菌生长的必需物质，与磺胺药产生颉颃作用。本品抗菌作用较磺胺嘧啶稍弱，但对球虫和弓形虫有良好的抑制作用。

药物相互作用 与苄氨嘧啶类（抗菌增效剂）合用，可产生协同作用。某些含对氨基苯甲酰基的药物如普鲁卡因、丁卡因等在体内可生成对氨基苯甲酸，酵母片中含有细菌代谢所需要的对氨基苯甲酸，可降低本药作用，因此，不宜合用。与噻嗪类或速尿等利尿剂同用，可加重肾毒性。

磺胺二甲嘧啶片

【作用与用途】磺胺类抗菌药。用于敏感菌感染，也可用于球虫和弓形虫感染。

【用法与用量】以磺胺二甲嘧啶计。内服：一次量，每 1kg 体重首次量 140～200mg，维持量 70～100mg。一天 1～2 次，连用 3～5d。

【不良反应】磺胺或其代谢物可在尿液中产生沉淀，在高剂量和长期给药时更易产生结晶，引起结晶尿、血尿或肾小管堵塞。

【注意事项】 （1）易在泌尿道中析出结晶，应给予猪大量饮水。大剂量、长期应用时宜同时给予等量的碳酸氢钠。

（2）肾功能受损时，排泄缓慢，应慎用。

（3）可引起肠道菌群失调，长期用药可引起 B 族维生素和维生素 K 的合成和吸收减少，宜补充相应的维生素。

（4）出现过敏反应时，立即停药并给予对症治疗。

【休药期】15d。

磺胺二甲嘧啶钠注射液

【作用与用途】同磺胺二甲嘧啶片。

【用法与用量】以磺胺二甲嘧啶钠计。静脉注射：一次量，每 1kg 体重 50～100mg。一天 1～2 次，连用 2～3d。

【不良反应】（1）磺胺或其代谢物可在尿液中产生沉淀，在高剂量给药或低剂量长期给药时更易产生结晶，引起结晶尿、血尿或肾小管堵塞。

（2）磺胺注射液为强碱性溶液，对组织有强刺激性。

【注意事项】（1）应用磺胺药期间应给予猪大量饮水，以防结晶尿的发生，必要时亦可加服碳酸氢钠等碱性药物。

（2）肾功能受损时，排泄缓慢，应慎用。

（3）本品遇酸类可析出结晶，故不宜用 5％葡萄糖液稀释。

（4）注意交叉过敏反应。若出现过敏反应或其他严重不良反应时，立即停药，并给予对症治疗。

【休药期】28d。

复方磺胺二甲嘧啶片

【作用与用途】磺胺类抗菌药。用于治疗仔猪黄痢、白痢。

【用法与用量】以磺胺二甲嘧啶计。内服：每 1kg 体重，仔猪 25～50mg。一天 2 次，连用 3d。

【不良反应】长期或大量使用可损害肾脏和神经系统，影响增重，并可能发生磺胺药中毒。

【注意事项】连续用药不宜超过一周。

【休药期】15d。

复方磺胺二甲嘧啶钠注射液

【作用与用途】磺胺类抗菌药。主要用于治疗猪敏感菌感染，如巴氏杆菌病、乳腺炎、子宫内膜炎、呼吸道及消化道感染。

【用法与用量】以磺胺二甲嘧啶钠计。肌内注射：每1kg体重，猪30mg。两天1次。

【不良反应】长期使用可损害肾脏和神经系统，影响增重，并可能发生磺胺药中毒。

【注意事项】连续用药不宜超过一周。

【休药期】28d。

磺胺甲噁唑

磺胺甲噁唑对革兰氏阳性菌和阴性菌如化脓性链球菌、沙门氏菌和肺炎杆菌等均有良好的抗菌作用。磺胺药的作用可被对氨基苯甲酸及其衍生物（普鲁卡因、丁卡因）所颉颃。此外，脓液以及组织分解产物也可提供细菌生长的必需物质，与磺胺药产生颉颃作用。本品抗菌作用较磺胺嘧啶稍弱，但对球虫和弓形虫有良好的抑制作用。

药物相互作用 （1）与苄氨嘧啶类（抗菌增效剂）合用，可产生协同作用。

（2）对氨苯甲酸及其衍生物如普鲁卡因、丁卡因等在体内可生成对氨基苯甲酸，酵母片中含有细菌代谢所需要的对氨基苯甲酸，可降低本药作用，因此，不宜合用。

（3）与噻嗪类或速尿等利尿剂同用，可加重肾毒性。

（4）与口服抗凝药、苯妥英钠、硫喷妥钠等药物合用时，磺胺药物可置换这些药物与血浆蛋白结合，或抑制其代谢，使上述药物的作用增强甚至产生毒性反应，因此，需调整其剂量。

（5）具有肝毒性药物与磺胺药物合用时，可能引起肝毒性发生率增高。故应监测肝功能。

磺胺甲噁唑片

【作用与用途】磺胺类抗菌药。用于敏感菌引起的猪呼吸道、消化道、泌尿道等感染。

【用法与用量】以磺胺甲噁唑计。内服：一次量，每 1kg 体重首次量 50~100mg，维持量 25~50mg。一天 2 次，连用 3~5d。

【不良反应】磺胺或其代谢物可在尿液中产生沉淀，在高剂量给药或低剂量长期给药时更易产生结晶，引起结晶尿、血尿或肾小管堵塞。

【注意事项】（1）易在泌尿道中析出结晶，应给予猪大量饮水。大剂量、长期应用时宜同时给予等量的碳酸氢钠。

（2）肾功能受损时，排泄缓慢，应慎用。

（3）可引起肠道菌群失调，长期用药可引起 B 族维生素和维生素 K 的合成和吸收减少，宜补充相应的维生素。

（4）注意交叉过敏反应。在猪出现过敏反应时，立即停药并给予对症治疗。

【休药期】28d。

复方磺胺甲噁唑片

【作用与用途】磺胺类抗菌药。能双重阻断细菌叶酸代谢，增强抗菌效力。用于敏感菌引起猪的呼吸道、泌尿道等感染。

【用法与用量】以磺胺甲噁唑计。内服：一次量，每 1kg 体重 25~50mg。一天 2 次，连用 3~5d。

【不良反应】主要表现为急性反应如过敏反应，慢性反应表现为粒细胞减少、血小板减少、肝脏损害、肾脏损害及中枢神经毒性反应。

【注意事项】（1）对磺胺类药物有过敏史的猪禁用。

（2）易在泌尿道中析出结晶，应给予猪大量饮水。大剂量、长期应用时宜同时给予等量的碳酸氢钠。

（3）肾功能受损时，排泄缓慢，应慎用。

（4）可引起肠道菌群失调，长期用药可引起 B 族维生素和维生素 K 的合成和吸收减少，宜补充相应的维生素。

（5）在猪出现过敏反应时，立即停药并给予对症治疗。

【休药期】28d。

磺 胺 脒

磺胺脒属于磺胺类抗菌药物，对大多数革兰氏阳性菌和阴性菌都有较强抑制作用。本品内服吸收很少。对革兰氏阳性菌和阴性菌如化脓性链球菌、沙门氏菌和肺炎球菌等均有良好的抗菌作用。磺胺药在结构上类似对氨基苯甲酸，可与对氨基苯甲酸竞争细菌体内的二氢叶酸合成酶，阻碍二氢叶酸的合成，最终影响核酸的合成，抑制细菌的生长繁殖。

药物相互作用 与苄氨嘧啶类（抗菌增效剂）合用，可产生协同作用。某些含对氨基苯甲酰基的药物如普鲁卡因、丁卡因等在体内可生成对氨基苯甲酸，酵母片中也含有细菌代谢所需的对氨基苯甲酸，合用可降低本品作用。

磺胺脒片

【作用与用途】磺胺类抗菌药。用于肠道细菌性感染。

【用法与用量】以磺胺脒计。内服；一次量，每 1kg 体重 100～200mg。一天 2 次，连用 3～5d。

【不良反应】长期服用可能影响胃肠道菌群，引起消化道功能紊乱。

【注意事项】（1）新生仔猪（1～2 日龄仔猪等）的肠内吸收率高于幼龄猪。

（2）不宜长期服用，注意观察胃肠道功能。

【休药期】28d。

磺 胺 噻 唑

磺胺噻唑属广谱抑菌剂，通过与对氨基苯甲酸竞争二氢叶酸合成酶，从而阻碍敏感菌叶酸的合成而发挥抑菌作用。对大多数革兰氏阳性菌和部分革兰氏阴性菌有效。对磺胺噻唑较敏感的病原菌有：链球菌、肺炎球菌、沙门氏菌、化脓棒状杆菌、大肠杆菌等；一般敏感的有：葡萄球菌、变形杆菌、巴氏杆菌、产气荚膜梭菌、肺炎杆菌、炭疽杆菌、铜绿假单胞菌等。

药物相互作用 与二氨基嘧啶类（抗菌增效剂）合用，可产生协同作用。某些含对氨基苯甲酰基的药物如普鲁卡因、丁卡因等在体内可生成对氨基苯甲酸，酵母片中含有细菌代谢所需要的对氨基苯甲酸，可降低本药作用，因此，不宜合用。与噻嗪类或呋塞米等利尿剂同用，可加重肾毒性。

磺胺噻唑片

【作用与用途】磺胺类抗菌药。用于敏感菌感染。

【用法与用量】以磺胺噻唑计。内服：一次量，每1kg体重，猪首次量140～200mg，维持量70～100mg。一天2～3次，连用3～5d。

【不良反应】（1）泌尿系统损伤，出现结晶尿、血尿和蛋白尿等。

（2）抑制胃肠道菌群，导致消化系统障碍等。

（3）破坏造血机能，出现溶血性贫血、凝血时间延长和毛细血管渗血。

（4）幼龄猪免疫系统抑制、免疫器官出血及萎缩。

【注意事项】磺胺噻唑及其代谢产物乙酰磺胺噻唑的水溶性比原药低，排泄时易在肾小管析出结晶（尤其在酸性尿中），因此，应与适量碳酸氢钠同服。

【休药期】28d。

磺胺噻唑钠注射液

【作用与用途】及【休药期】同磺胺噻唑片。

【用法与用量】以磺胺噻唑钠计。静脉注射：一次量，每1kg体重，猪50～100mg。一天2次，连用2～3d。

【不良反应】表现为急性和慢性中毒两类。

（1）急性中毒　多发生于静脉注射其钠盐时，速度过快或剂量过大。主要表现为神经兴奋、共济失调、肌无力、呕吐、昏迷、厌食和腹泻等。

（2）慢性中毒　主要由于剂量偏大、用药时间过长而引起。主要症状为：泌尿系统损伤，出现结晶尿、血尿和蛋白尿等；抑制胃肠道菌群，导致消化系统障碍等；造血机能破坏，出现溶血性贫血、凝血时间延长和毛细血管渗血；幼龄猪免疫系统抑制、免疫器官出血及萎缩。

【注意事项】（1）本品遇酸类可析出结晶，故不宜用5%葡萄糖液稀释。

（2）长期或大剂量应用易引起结晶尿，应同时应用碳酸氢钠，并给予猪大量饮水。

（3）若出现过敏反应或其他严重不良反应时，立即停药，并给予对症治疗。

酞 磺 胺 噻 唑

酞磺胺噻唑内服后不易吸收，并在肠内逐渐释放出磺胺噻唑，通过抑制敏感菌的二氢叶酸合成酶，使二氢叶酸合成受阻进而呈现抑菌作用。

药物相互作用　与二氨基嘧啶类（抗菌增效剂）合用，可产生协同作用。某些含对氨基苯甲酰基的药物如普鲁卡因、丁卡因等在体内可生成对氨基苯甲酸，酵母片中含有细菌代谢所需要的对氨基苯甲酸，可降低本药作用，因此，不宜合用。与噻嗪类或呋塞米等利尿剂同用，可加重肾毒性。

酞磺胺噻唑片

【作用与用途】磺胺类抗菌药。主要用于肠道细菌性感染。

【用法与用量】以酞磺胺噻唑计。内服；一次量，每 1kg 体重 100～150mg。一天 2 次，连用 3～5d。

【不良反应】长期服用可能影响胃肠道菌群，引起消化道功能紊乱。

【注意事项】（1）新生仔猪（1～2 日龄仔猪等）的肠内吸收率高于幼龄猪。

（2）不宜长期服用，注意观察胃肠道功能。

【休药期】28d。

恩 诺 沙 星

恩诺沙星属氟喹诺酮类动物专用的广谱杀菌药。对大肠杆菌、沙门氏菌、克雷伯氏菌、布鲁氏菌、巴氏杆菌、胸膜肺炎放线杆菌、丹毒杆菌、变形杆菌、黏质沙雷氏菌、化脓性棒状杆菌、败血波氏杆菌、金黄色葡萄球菌、支原体、衣原体等均有良好作用，对铜绿假单胞菌和链球菌的作用较弱，对厌氧菌作用微弱。对敏感菌有明显的抗菌后效应。

药物相互作用 本品与氨基糖苷类或广谱青霉素合用，有协同作用。Ca^{2+}、Mg^{2+}、Fe^{3+} 和 Al^{3+} 等重金属离子可与本品发生螯合，影响吸收。与茶碱、咖啡因合用时，可使血浆蛋白结合率降低，血中茶碱、咖啡因的浓度异常升高，甚至出现茶碱中毒症状。本品有抑制肝药酶作用，可使主要在肝脏中代谢的药物的清除率降低，血药浓度升高。

恩诺沙星注射液

【作用与用途】氟喹诺酮类抗菌药。用于猪细菌性疾病和支原体感染。

【用法与用量】以恩诺沙星计。肌内注射：一次量，每 1kg 体重，猪 2.5mg。一天 1～2 次，连用 2～3d。

【不良反应】（1）使幼龄猪软骨发生变性，影响骨骼发育并引起跛行及疼痛。

（2）消化系统的反应有呕吐、食欲不振、腹泻等。

（3）皮肤反应有红斑、瘙痒、荨麻疹及光敏反应等。

【注意事项】（1）对中枢系统有潜在的兴奋作用，诱导癫痫发作。

（2）肾功能不良猪慎用，可偶发结晶尿。

（3）本品耐药菌株呈增多趋势，不应在亚治疗剂量下长期使用。

【休药期】10d。

甲磺酸达氟沙星

甲磺酸达氟沙星属于动物专用氟喹诺酮类药物，通过作用于细菌的 DNA 旋转酶（gyraseA）亚单位，抑制细菌 DNA 复制和转录而产生杀菌作用。对大肠埃希菌、沙门氏菌、志贺氏菌等肠杆菌科的革兰氏阴性菌具有极好的抗菌活性；对葡萄球菌、支原体等具有良好至中等程度的抗菌活性；对链球菌（尤其是 D 群）、肠球菌、厌氧菌几乎无或没有抗菌活性。

药物相互作用 与氨基糖苷类、广谱青霉素合用有协同抗菌作用。Ca^{2+}、Mg^{2+}、Fe^{3+}、Al^{3+} 等金属离子与本品可发生螯合作用，影响其吸收。对肝药酶有抑制作用，使其他药物（如茶碱、咖啡因）的代谢下降，清除率降低，血药浓度升高，甚至出现中毒症状。与丙磺舒合用可因竞争同一转运载体而抑制其在肾小管的排泄，半衰期延长。

甲磺酸达氟沙星注射液

【作用与用途】氟喹诺酮类抗菌药。主用于猪细菌及支原体感染。

【用法与用量】以达氟沙星计。肌内注射：一次量，每 1kg 体重，猪 1.25～2.5mg。一天 1 次，连用 3d。

【不良反应】（1）使幼龄猪软骨发生变性，影响骨骼发育并引起跛行及疼痛。

（2）消化系统的反应有呕吐、食欲不振、腹泻等。

（3）皮肤反应有红斑、瘙痒、荨麻疹及光敏反应等。

【注意事项】（1）勿与含铁制剂在同一天内使用。

（2）孕猪及哺乳母猪禁用。

【休药期】25d。

乙 酰 甲 喹

乙酰甲喹属于喹噁啉类抗菌药物，通过抑制菌体的脱氧核糖核酸（DNA）合成而达到抗菌作用。具有广谱抗菌作用，对多数细菌具有较强的抑制作用，对革兰氏阴性菌强于革兰氏阳性菌，对猪痢疾密螺旋体的作用尤其突出。

乙酰甲喹片

【作用与用途】抗菌药。主用于密螺旋体所致的猪痢疾，也用于细菌性肠炎。

【用法与用量】以乙酰甲喹计。内服：一次量，每 1kg 体重，猪 50～100mg。

【不良反应】按规定的用法与用量使用尚未见不良反应。

【注意事项】剂量高于临床治疗量 3～5 倍时，或长时间应用会引起毒性反应，甚至死亡。

【休药期】35d。

乙酰甲喹注射液

【作用与用途】【不良反应】【注意事项】及**【休药期】**同乙酰甲喹片。

【用法与用量】以乙酰甲喹计。肌内注射：一次量，每 1kg 体重，猪 2～5mg。

第二节　抗寄生虫药

一、驱线虫药

阿 苯 达 唑

阿苯达唑具有广谱驱虫作用。线虫对其敏感，对绦虫、吸虫也有较强作用（但需较大剂量），对血吸虫无效。作用机理主要是与线虫的微管蛋白结合发挥作用。阿苯达唑对线虫微管蛋白的亲和力显著高于哺乳动物的微管蛋白，因此，对哺乳动物的毒性很小。本品不但对成虫作用强，对未成熟虫体和幼虫也有较强作用，还有杀虫卵作用。

药物相互作用　阿苯达唑与吡喹酮合用可提高前者的血药浓度。

阿苯达唑片

【作用与用途】抗蠕虫药。用于猪线虫病、绦虫病和吸虫病。

【用法与用量】以阿苯达唑计。内服：一次量，每 1kg 体重 5～10mg。

【不良反应】对妊娠早期母猪有致畸和胚胎毒性作用。

【休药期】7d。

阿苯达唑粉

【作用与用途】【用法与用量】【不良反应】【注意事项】及【休药期】同阿苯达唑片。

阿苯达唑混悬液

【作用与用途】【用法与用量】【不良反应】【注意事项】及【休药期】同阿苯达唑片。

阿苯达唑颗粒

【作用与用途】【用法与用量】【不良反应】【注意事项】及【休药期】同阿苯达唑片。

芬 苯 达 唑

芬苯达唑为苯并咪唑类抗蠕虫药，抗虫谱不如阿苯达唑广，作用略强。对猪的红色猪圆线虫、蛔虫、食道口线虫成虫及幼虫有效。对猪胃肠道和呼吸道线虫有良效。

芬苯达唑片

【作用与用途】抗蠕虫药。用于猪线虫病和绦虫病。

【用法与用量】以芬苯达唑计。内服：一次量，每 1kg 体重 5～7.5mg。

【不良反应】按规定的用法与用量使用，一般不会产生不良反应。由于死亡的寄生虫释放抗原，可继发过敏反应，特别是在高剂量时。

【注意事项】可能伴有致畸胎和胚胎毒性的作用，妊娠前期忌用。

【休药期】3d。

芬苯达唑粉

【作用与用途】【用法与用量】【不良反应】【注意事项】及【休药期】同芬苯达唑片。

芬苯达唑颗粒

【作用与用途】【用法与用量】【不良反应】【注意事项】及【休药期】同芬苯达唑片。

奥 苯 达 唑

奥苯达唑属于苯并咪唑类抗线虫药。线虫对其敏感，对绦虫、吸虫也有较强作用（但需较大剂量），对血吸虫无效。作用机理主要是与线虫的微管蛋白结合发挥作用。

药物相互作用　与吡喹酮合用可提高前者的血药浓度。

奥苯达唑片

【作用与用途】抗蠕虫药。用于猪胃肠道线虫病。

【用法与用量】以奥苯达唑计。内服：每 1kg 体重，猪 10mg。

【不良反应】按规定的用法与用量使用尚未见不良反应。

【注意事项】不用于妊娠前期 45d。

【休药期】28d。

奥 芬 达 唑

奥芬达唑为芬苯达唑体内代谢物芬苯达唑亚砜，其作用机理是与线虫的微管蛋白质结合发挥驱虫作用，抗虫谱不如阿苯达唑广，作用略强。

奥芬达唑片

【作用与用途】抗蠕虫药。主要用于猪的线虫病和绦虫病。

【用法与用量】以奥芬达唑计。内服：一次量，每 1kg 体重 4mg。

【不良反应】具有致畸作用。

【休药期】7d。

奥芬达唑颗粒

【作用与用途】【不良反应】【注意事项】及【休药期】同奥芬达唑片。

【用法与用量】以奥芬达唑计。内服：一次量，每 1kg 体重，猪 4mg。

阿 维 菌 素

阿维菌素属于抗线虫药，对猪的蛔虫、红色猪圆线虫、兰氏类圆线虫、毛首线虫、食道口线虫、后圆线虫、有齿冠尾线虫成虫及未成熟虫体驱除率达 94%～100%，对肠道内旋毛虫（肌肉内旋毛虫无效）也极有效，对猪血虱和猪疥螨也有良好控制作用。对吸虫和绦虫无效。此外，阿维菌素作为杀虫剂，对水产和农业昆虫、螨虫以及火蚁等具有广谱活性。

药物相互作用 与乙胺嗪同时使用，可能产生严重的或致死性脑病。

阿维菌素片

【作用与用途】大环内酯类抗寄生虫药。用于治疗猪的线虫病、螨病和寄生性昆虫病。

【用法与用量】以阿维菌素计。内服：一次量，猪每 10kg 体重 3mg。

【不良反应】按规定的用法与用量使用尚未见不良反应。

【注意事项】（1）泌乳期禁用。

（2）阿维菌素的毒性较强，慎用。对虾、鱼及水生生物有剧毒，残存药物的包装品切勿污染水源。

（3）本品性质不太稳定，特别对光线敏感，可迅速氧化灭活，应注意贮存和使用条件。

【休药期】28d。

阿维菌素胶囊

【作用与用途】【用法与用量】【不良反应】【注意事项】及【休药期】同阿维菌素片。

阿维菌素粉

【作用与用途】【用法与用量】【不良反应】【注意事项】及【休药期】同阿维菌素片。

阿维菌素透皮溶液

【作用与用途】【不良反应】【注意事项】及【休药期】同阿维菌素片。

【用法与用量】以阿维菌素计。浇注或涂擦：一次量，猪每 1kg 体重 0.5mg，由肩部向后沿背中线浇注。

【休药期】42d。

阿维菌素注射液

【作用与用途】及【休药期】同阿维菌素片。

【用法与用量】以阿维菌素 B_1 计。皮下注射：每 1kg 体重猪 0.3mg。

【不良反应】注射部位有不适或暂时性水肿。

【注意事项】（1）泌乳期禁用。

（2）仅限于皮下注射，因为肌内、静脉注射易引起中毒反应。每个皮下注射点，不宜超过 10mL。

（3）含甘油缩甲醛和丙二醇的阿维菌素注射剂，仅适用于猪。

（4）阿维菌素对虾、鱼及水生生物有剧毒，残存药物的包装切勿污染水源。

伊 维 菌 素

伊维菌素主要对体内线虫和体表节肢动物具有良好驱杀作用。伊维菌素对蜱以及粪便中繁殖的蝇也极有效，药物虽不能立即使蜱死亡，但能影响其摄食、蜕皮和产卵，从而降低生殖能力。对血蝇的作用相似。对猪的蛔虫、红色猪圆线虫、兰氏类圆线虫、毛首线虫、食道口线虫、后圆线虫、有齿冠尾线虫成虫及未成熟虫体驱除率达 94%～100%，对肠道内旋毛虫（肌肉内旋毛虫无效）也极有效，对猪血虱和猪疥螨也有良好控制作用。对吸虫和绦虫无效。

药物相互作用 与乙胺嗪同时使用，可能产生严重的或致死性脑病。

伊维菌素片

【作用与用途】大环内酯类抗寄生虫药。用于防治猪的线虫病、螨病和寄生性昆虫病。

【用法与用量】以伊维菌素计。内服：一次量，每 1kg 体重猪 0.3mg。

【不良反应】按规定的用法用量使用尚未见不良反应。

【注意事项】（1）泌乳期禁用。

（2）伊维菌素对虾、鱼及水生生物有剧毒，残留药物的包装及容器切勿污染水源。

（3）母猪妊娠前期 45d 慎用。

【休药期】28d。

伊维菌素溶液

【作用与用途】【用法与用量】【不良反应】【注意事项】及【休药期】同伊维菌素片。

伊维菌素注射液

【作用与用途】及【休药期】同伊维菌素片。

【用法与用量】以伊维菌素计。皮下注射：一次量，每 1kg 体重 0.3mg。

【不良反应】注射时，注射部位有不适或暂时性水肿。

【注意事项】（1）泌乳期禁用。

（2）仅限于皮下注射，因为肌内、静脉注射易引起中毒反应。每个皮下注射点，不宜超过 10mL。

（3）含甘油缩甲醛和丙二醇的伊维菌素注射剂，仅适用于猪。

（4）与乙胺嗪同时使用，可能产生严重的或致死性脑病。

多 拉 菌 素

多拉菌素是广谱抗寄生虫药。对体内外寄生虫特别是某些线虫（圆虫）和节肢动物具有良好的驱杀作用，但对绦虫、吸虫及原生动物无效。其作用机制主要是增加虫体的抑制性递质γ氨基丁酸（GA-BA）的释放，从而阻断神经信号的传递，使肌肉细胞失去收缩能力，而导致虫体死亡。哺乳动物的外周神经递质为乙酰胆碱，不会受到多拉菌素的影响。多拉菌素不易透过血脑屏障，对中枢神经系统损害极小，对猪比较安全。

多拉菌素注射液

【作用与用途】抗寄生虫类药。用于治疗猪的线虫病、血虱、螨病等外寄生虫病。

【用法与用量】以多拉菌素计。肌内注射：一次量，每 1kg 体重猪 0.3mg。

【不良反应】按规定的用法与用量使用尚未见不良反应。

【注意事项】（1）将本品置于儿童接触不到的地方。

（2）使用本品时操作人员不应进食或吸烟，操作后要洗手。

（3）在阳光照射下本品迅速分解灭活，应避光保存。

（4）其残存药物对鱼类及水生生物有毒，应注意保护水资源。

【休药期】28d。

哌　　嗪

哌嗪对敏感线虫产生箭毒样作用。哌嗪对寄生于猪体内的某些特定线虫有效，如对蛔虫具有优良的驱虫效果。

药物相互作用（1）与噻嘧啶或甲噻嘧啶产生颉颃作用，不应同时使用。

（2）泻药不宜与哌嗪同用，因为哌嗪在发挥作用前就会被排出。

（3）与氯丙嗪合用有可能会诱发癫痫发作。

枸橼酸哌嗪片

【作用与用途】抗蠕虫药。主要用于猪蛔虫病，亦用于猪食道口线虫病。

【用法与用量】以枸橼酸哌嗪计。内服：一次量，每 1kg 猪 25～30mg。

【不良反应】在推荐剂量时，罕见不良反应。

【休药期】21d。

磷酸哌嗪片

【**作用与用途**】抗寄生虫药。主要用于猪蛔虫病。

【**用法与用量**】内服：一次量，每 1kg 体重猪 25～30mg。

【**不良反应**】使用尚未见不良反应。

【**注意事项**】（1）哌嗪对未成熟虫体作用不强，通常应间隔一段时间后重复给药（猪间隔 2 个月）。

（2）对猪饮水或混饲给药时应在 8～12h 内用完，还应禁食一夜。

（3）应用本药时，不能并用泻剂、吩噻嗪类（如氢氯噻嗪）、噻嘧啶、甲噻嘧啶、氯丙嗪等，也不能和亚硝酸盐并用。

（4）慢性肝、肾疾病以及胃肠蠕动减弱的猪慎用。

【**休药期**】21d。

左 旋 咪 唑

本品属咪唑并噻唑类抗线虫药，对猪的大多数线虫具有活性。其驱虫作用机理是兴奋蠕虫的副交感和交感神经节，表现为烟碱样作用；高浓度时，左旋咪唑通过阻断延胡索酸还原和琥珀酸氧化作用，干扰线虫的糖代谢，最终对蠕虫起麻痹作用，使活虫体排出。

本品除了具有驱虫活性外，还能明显提高猪的免疫反应。它可恢复外周 T 淋巴细胞的细胞介导免疫功能，兴奋单核细胞的吞噬作用，对免疫功能受损的猪作用更明显。

药物相互作用 具有烟碱作用的药物如噻嘧啶、甲噻嘧啶、乙胺嗪、胆碱酯酶抑制药如有机磷、新斯的明可增加左旋咪唑的毒性，不宜联用。左旋咪唑可增强布鲁氏菌疫苗等的免疫反应和效果。

盐酸左旋咪唑片

【**作用与用途**】抗蠕虫药。主要用于猪的胃肠道线虫、肺线虫及猪肾虫病。

【用法与用量】以左旋咪唑计。内服：一次量，每 1kg 体重 7.5mg。

【不良反应】可引起流涎或口鼻冒出泡沫。

【注意事项】（1）泌乳期母猪禁用。

（2）极度衰弱或严重肝肾损伤猪应慎用。

（3）本品中毒时可用阿托品解毒和其他对症治疗。

【休药期】3d。

盐酸左旋咪唑粉

【作用与用途】【用法与用量】【不良反应】【注意事项】及【休药期】同盐酸左旋咪唑片。

盐酸左旋咪唑注射液

【作用与用途】及【不良反应】同盐酸左旋咪唑片。

【用法与用量】以左旋咪唑计。皮下、肌内注射：一次量，每 1kg 体重 7.5mg。

【注意事项】（1）禁用于静脉注射。

（2）其他同盐酸左旋咪唑片。

【休药期】28d。

越 霉 素 A

越霉素 A 属于抗生素类驱虫药，其驱虫机理是使寄生虫的体壁、生殖器管壁、消化道壁变薄和脆弱，致使虫体运动活性减弱而被排出体外。本品还能阻碍雌虫子宫内卵膜的形成，由于这一作用使虫卵变成异常卵而不能成熟，阻断了寄生虫的生命循环周期。本品对猪蛔虫、结节虫、鞭虫等体内寄生虫的排卵具有抑制作用，对成虫具有驱除作用。还具有一定的抗菌作用，故被用作促生长剂。内服很少吸收，主要从粪便排出。

越霉素 A 预混剂

【作用与用途】抗生素类驱虫药。用于驱除猪蛔虫、猪鞭虫等。

【用法与用量】以越霉素 A 计。混饲：猪每 1 000kg 饲料 10～20g。

【不良反应】按规定的用法与用量使用尚未见不良反应。

【休药期】猪 15d。

二、抗绦虫药

吡 喹 酮

吡喹酮具有广谱抗血吸虫和抗绦虫作用。对各种绦虫的成虫具有极高的活性，对幼虫也具有良好的活性；对血吸虫有很好的驱杀作用。在体外低浓度的吡喹酮可损伤绦虫的吸盘功能并兴奋虫体的蠕动，较高浓度药物则可增强绦虫链体（节片链）的收缩（在极高浓度时为不可逆收缩）。此外，吡喹酮可引起绦虫包膜特殊部位形成灶性空泡，继而使虫体裂解。

药物相互作用 与阿苯达唑、地塞米松合用时，可降低吡喹酮的血药浓度。

吡喹酮片

【作用与用途】抗蠕虫药。主要用于猪的血吸虫病，也用于绦虫病和囊尾蚴病。

【用法与用量】以吡喹酮计。内服：一次量，每 1kg 体重 10～35mg。

【休药期】28d。

吡喹酮粉

【作用与用途】【用法与用量】【不良反应】【注意事项】及【休药期】同吡喹酮片。

三、抗原虫药

地 美 硝 唑

地美硝唑属于抗原虫药，具有广谱抗菌和抗原虫作用。能抗组织滴虫、纤毛虫、阿米巴原虫等。

药物相互作用 不能与其他抗组织滴虫药联合应用。

地美硝唑预混剂

【作用与用途】抗原虫药。用于猪密螺旋体性痢疾。

【用法与用量】以地美硝唑计。混饲：每1 000kg饲料，猪200～500g。

【注意事项】不能与其他抗组织滴虫药联合使用。

【休药期】28d。

盐 酸 吖 啶 黄

盐酸吖啶黄属于抗原虫药，静脉注射给药12～24h后，猪体温下降，外周血循环中虫体消失。必要时，可间隔1～2d重复用药1次。在梨形虫发病季节，可每月注射一次，有良好预防效果。

盐酸吖啶黄注射液

【作用与用途】抗原虫药。用于梨形虫病。

【用法与用量】以盐酸吖啶黄计。静脉注射：常用量，一次量，每1kg体重猪3mg。

【不良反应】（1）毒性较强，注射后常出现心跳加速、不安、呼吸迫促、肠蠕动增强等不良反应。

（2）对组织有强烈刺激性。

【注意事项】缓慢注射，勿漏出血管。重复使用应间隔24～48h。

【休药期】暂无规定。

四、杀虫药

双 甲 脒

双甲脒为广谱杀虫药，对各种螨、蜱、蝇、虱等均有效，主要为接触毒，兼有胃毒和内吸毒作用。双甲脒的杀虫作用在某种程度上与其抑制单胺氧化酶有关，而后者是蜱、螨等虫体神经系统胺类神经递质的一种代谢酶。因双甲脒的作用，吸血节肢昆虫过度兴奋，以致不能吸附动物体表而掉落。本品产生杀虫作用较慢，一般在用药后 24h 才能使虱、蜱从体表脱落，48h 可使螨从患部皮肤自行脱落。一次用药可维持药效 6~8 周，保护猪不再受外寄生虫的侵袭。此外，对大蜂螨和小蜂螨也有较强的杀虫作用。

双甲脒溶液

【作用与用途】杀虫药。主用于杀螨，亦用于杀灭蜱、虱等外寄生虫。

【用法与用量】药浴、喷洒或涂擦。配成 0.025%～0.05% 的溶液。

【不良反应】（1）本品毒性较低。

（2）对皮肤和黏膜有一定刺激性。

【注意事项】（1）对鱼类有剧毒，禁用。勿将药液污染鱼塘、河流。

（2）本品对皮肤有刺激性，使用时防止药液沾污皮肤和眼睛。

【休药期】8d。

辛 硫 磷

有机磷类杀虫药。辛硫磷通过抑制虫体内胆碱酯酶的活性而破坏正常的神经传导，引起虫体麻痹，直至死亡；辛硫磷对宿主胆碱酯酶活性亦有抑制作用，使宿主胃肠蠕动增强，加速虫体排出体外。

辛硫磷浇泼溶液

【作用与用途】有机磷酸酯类杀虫药。用于驱杀猪螨、虱、蜱等体外寄生虫。

【用法与用量】以辛硫磷计。外用：每 1kg 体重猪 30mg。沿猪脊背从两耳根浇洒到尾根（耳部感染严重者，可在每侧耳内另外浇洒 0.076g）。

【不良反应】过量使用，猪可产生胆碱能神经兴奋症状。

【注意事项】（1）禁与强氧化剂、碱性药物合用。

（2）禁止与其他有机磷化合物和胆碱酯酶抑制剂合用。

（3）避免与操作人员的皮肤和黏膜接触。

（4）妥善存放保管，避免儿童和动物接触。使用后的废弃物应妥善处理，避免污染河流、池塘及下水道。

【休药期】14d。

氰戊菊酯

氰戊菊酯属于拟除虫菊酯类杀虫药。对昆虫以触杀为主，兼有胃毒和驱避作用。氰戊菊酯对猪的多种体外寄生虫和吸血昆虫如螨、虱、蚤、蜱、蚊、蝇和虻等均有良好的杀灭效果。有害昆虫接触后，药物迅速进入虫体的神经系统，致其强烈兴奋、抖动，很快转为全身麻痹、瘫痪，最后死亡。应用氰戊菊酯喷洒猪体表，螨、虱、蚤等于用药后 10min 出现中毒，4~12h 后全部死亡。

氰戊菊酯溶液

【作用与用途】杀虫药。用于驱杀猪外寄生虫，如蜱、虱、蚤等。

【用法与用量】喷雾。5%氰戊菊酯加水以 1：（250~500）倍稀释。

【不良反应】按规定的用法与用量使用尚未见不良反应。

【注意事项】（1）配制溶液时，水温以 12℃为宜，如水温超过 25℃会降低药效，水温超过 50℃时则失效。

（2）避免使用碱性水，并忌与碱性药物合用，以防药液分解失效。

（3）本品对蜜蜂、鱼虾、家蚕毒性较强，使用时不要污染河流、池塘、桑园、养蜂场所。

【休药期】28d。

马 拉 硫 磷

马拉硫磷属于有机磷杀虫药，主要以触杀、胃毒和熏蒸杀灭虫害，无内吸杀虫作用。具有广谱、低毒、使用安全等特点。对蚊、蝇、虱、蜱、螨和臭虫等都有杀灭作用。

药物相互作用　与其他有机磷化合物以及胆碱酯酶抑制剂有协同作用，同时应用毒性增强。

精制马拉硫磷溶液

【作用与用途】杀虫药。用于杀灭体外寄生虫。

【用法与用量】药浴或喷雾：1∶（233～350）倍稀释（以马拉硫磷计算 0.2%～0.3%）的水溶液。

【不良反应】过量使用，猪可产生胆碱能神经兴奋症状。

【注意事项】（1）本品不能与碱性物质或氧化物质接触。

（2）本品对眼睛、皮肤有刺激性；猪中毒时可用阿托品解毒。

（3）猪体表用马拉硫磷后数小时内应避日光照射和风吹；必要时隔 2～3 周可再药浴或喷雾一次。

（4）1 月龄内的猪禁用。

【休药期】28d。

敌 百 虫

精制敌百虫属于广谱杀虫药，不仅对消化道线虫有效，而且对某些吸虫如姜片吸虫、血吸虫等有一定的疗效。其作用机理是与虫体的胆碱酯酶结合，抑制胆碱酯酶的活性，使乙酰胆碱大量蓄积，干扰虫体的神经肌肉的兴奋传递，导致敏感寄生虫麻痹而死亡。

药物相互作用　与其他有机磷杀虫剂、胆碱酯酶抑制剂和肌松药合用时，可增强对宿主的毒性。碱性物质能使敌百虫迅速分解成毒性更大的敌敌畏，因此，忌用碱性水质配制药液，并禁与碱性药物合用。

精制敌百虫片

【作用与用途】驱虫药和杀虫药。用于驱杀猪胃肠道线虫、猪姜片吸虫。

【用法与用量】以敌百虫计。内服：一次量，每 1kg 体重猪 80～100mg。

外用：每 1 片兑水 30mL 配成 1％溶液（以敌百虫计）。

【不良反应】敌百虫安全范围窄，治疗剂量即可使猪出现轻度副交感神经兴奋反应，过量使用可出现中毒症状，主要表现为流涎、腹痛、缩瞳、呼吸困难、骨骼肌痉挛、昏迷甚至死亡。其毒性有明显的种属差异，对猪较安全。

【注意事项】（1）禁与碱性药物合用。

（2）妊娠猪及患心脏病、胃肠炎的猪禁用。

（3）中毒时，用阿托品与解磷定等解救。

【休药期】28d。

精制敌百虫粉

【作用与用途】【不良反应】【注意事项】及**【休药期】**同精制敌百虫片。

【用法与用量】以敌百虫计。内服：一次量，每 1kg 体重猪

$241.0\sim301.2mg$。

第三节 解热镇痛抗炎药

对乙酰氨基酚

对乙酰氨基酚具有解热、镇痛与抗炎作用。解热作用类似阿司匹林，但镇痛和抗炎作用较弱。其抑制丘脑前列腺素合成与释放的作用较强，抑制外周前列腺素合成与释放的作用较弱。对血小板及凝血机制无影响。可作为猪的解热镇痛药，用于发热、肌肉痛、关节痛和风湿症。

对乙酰氨基酚片

【作用与用途】解热镇痛药。用于发热、肌肉痛、关节痛和风湿症。

【用法与用量】以对乙酰氨基酚计。内服：一次量1～2g。

【不良反应】偶见厌食、呕吐、缺氧、发绀，红细胞溶解、黄疸和肝脏损害等症。

【注意事项】大剂量可引起肝、肾损害，在给药后12h内使用乙酰半胱氨酸或蛋氨酸可以预防肝损害。肝、肾功能不全的病猪及幼龄猪慎用。

【休药期】暂无规定。

对乙酰氨基酚注射液

【作用与用途】【不良反应】【注意事项】及**【休药期】**同对乙酰氨基酚片。

【用法与用量】以对乙酰氨基酚计。肌内注射：一次量0.5～1g。

安 乃 近

安乃近内服吸收迅速，作用较快，药效维持3～4h。解热作用较显著，镇痛作用亦较强，并有一定的消炎和抗风湿作用。对胃肠蠕动无明显影响。

药物相互作用 不能与氯丙嗪合用，以免体温剧降。不能与巴比妥类及保泰松合用，会影响肝微粒体酶活性。

安乃近片

【作用与用途】解热镇痛类抗炎药。用于肌肉痛、风湿症、发热性疾病和疝痛等。

【用法与用量】以安乃近计。内服：一次量，猪 2～5g。

【不良反应】长期应用可引起粒细胞减少。

【注意事项】可抑制凝血酶原的合成，加重出血倾向。

【休药期】28d。

安乃近注射液

【作用与用途】【不良反应】及【休药期】同安乃近片。

【用法与用量】以安乃近计。肌内注射：一次量 1～3g。

【注意事项】不宜于穴位注射，尤其不适于关节部位注射，否则可能引起肌肉萎缩和关节机能障碍。

阿 司 匹 林

阿司匹林解热、镇痛效果较好，抗炎、抗风湿作用强。可抑制抗体产生及抗原抗体结合反应，阻止炎性渗出，抗风湿的疗效确实。较大剂量时还可抑制肾小管对尿酸的重吸收，增加尿酸排泄。

药物相互作用 其他水杨酸类解热镇痛药、双香豆素类抗凝血药、巴比妥类等与阿司匹林合用时，作用增强，甚至毒性增加。糖皮质激素能刺激胃酸分泌、降低胃及十二指肠黏膜对胃酸的抵抗力，与阿司匹林合用可使胃肠出血加剧。与碱性药物（如碳酸氢钠）合用，将加速阿司匹林的排泄，使疗效降低。但在治疗痛风时，同服等量的碳酸氢钠，可以防止尿酸在肾小管内沉积。

阿司匹林片

【作用与用途】 解热镇痛药。用于发热性疾病、肌肉痛、关节痛。

【用法与用量】 以阿司匹林计。内服：一次量 1～3g。

【不良反应】 （1）本品能抑制凝血酶原合成，连续长期应用可引发出血倾向。

（2）对胃肠道有刺激作用，剂量大时易导致食欲不振、恶心、呕吐乃至消化道出血，长期使用可引发胃肠溃疡。

【注意事项】 （1）胃炎、胃溃疡猪慎用，与碳酸钙同服，可减少对胃的刺激。不宜空腹投药。发生出血倾向时，可用维生素 K 治疗。

（2）解热时，猪应多饮水，以利于排汗和降温，否则会因出汗过多而造成水和电解质平衡失调或虚脱。

（3）老龄猪、体弱或体温过高猪，解热时宜用小剂量，以免大量出汗而引起虚脱。

（4）猪发生中毒时，可采取洗胃、导泻、内服碳酸氢钠及静脉注射 5％葡萄糖和 0.9％氯化钠等解救。

【休药期】 暂无规定。

氟尼辛葡甲胺

氟尼辛葡甲胺是一种强效环氧化酶抑制剂，具有镇痛、解热、抗炎和抗风湿作用。镇痛作用是通过抑制外周前列腺素或其痛觉增敏物质的合成或它们的共同作用，从而阻断痛觉冲动传导所致。外周组织的抗炎作用可能是通过抑制环氧化酶、减少前列腺素前体物质形成，以及抑制其他介质引起局部炎症反应的结果。

药物相互作用 氟尼辛葡甲胺勿与其他非甾体类抗炎药同时使用，因为会加重对胃肠道的毒副作用，如溃疡、出血等。因血浆蛋白结合率高，与其他药物联合应用时，氟尼辛葡甲胺可能置换与血浆蛋白结合的其他药物或者自身被其他药物所置换，导致被置换的药物作用增强，甚至产生毒性。配合抗生素，用于母猪无乳综合征的辅助治疗。

氟尼辛葡甲胺注射液

【作用与用途】解热镇痛类抗炎药。用于猪的发热性、炎症性疾病、肌肉痛和软组织痛等。

【用法与用量】以氟尼辛葡甲胺计。肌内、静脉注射：一次量，每 1kg 体重，猪 2mg。一天 1～2 次，连用不超过 5d。

【不良反应】肌内注射对局部有刺激作用。长期大剂量使用本品可能导致猪胃溃疡及肾功能损伤。

【注意事项】（1）消化道溃疡猪慎用。

（2）不可与其他非甾体类抗炎药同时使用。

【休药期】28d。

氨 基 比 林

氨基比林是一种环氧化酶抑制剂，通过抑制环氧化酶的活性，从而抑制前列腺素前体物——花生四烯酸转变为前列腺素这一过程，使前列腺素合成减少，进而产生解热、镇痛、抗炎和抗风湿作用。

复方氨基比林注射液

【作用与用途】解热镇痛药。主要用于猪的解热和抗风湿。

【用法与用量】以氨基比林计。肌内、皮下注射：一次量0.25～0.5g。

【不良反应】剂量过大或长期应用，可引起高铁血红蛋白血症、缺氧、发绀、粒细胞减少症等。

【注意事项】连续长期使用可引起粒性白细胞减少症，应定期检查血象。

【休药期】28d。

水 杨 酸 钠

水杨酸钠为解热镇痛抗炎药。其镇痛作用较阿司匹林、非那西汀、氨基比林弱。临床上主要用作抗风湿药。对于风湿性关节炎，用药数小时后关节疼痛显著减轻，肿胀消退，风湿热消退。另外，本品还有促进尿酸排泄的作用，可用于痛风。

药物相互作用 水杨酸钠可使血液中凝血酶原的活性降低，故不可与抗凝血药合用。与碳酸氢钠同时内服可减少本品吸收，加速本品排泄。

水杨酸钠注射液

【作用与用途】 解热镇痛药。用于风湿症等。

【用法与用量】 以水杨酸钠计。静脉注射：一次量，猪2～5g。

【不良反应】 （1）长期大剂量应用，可引起耳聋、肾炎等。

（2）因抑制凝血酶原合成而产生出血倾向。

【注意事项】 （1）本品仅供静脉注射，不能漏出血管外。

（2）猪中毒时出现呕吐、腹痛等症状，可用碳酸氢钠解救。

（3）有出血倾向、肾炎及酸中毒的猪禁用。

【休药期】 暂无规定。

第四节　调节组织代谢药

一、维生素类

维 生 素 A

维生素A具有促进生长、维持上皮组织如皮肤、结膜、角膜等正常机能的作用，并参与视紫红质的合成，增强视网膜感光力。另外，还参与体内许多氧化过程，尤其是不饱和脂肪酸的氧化。

药物相互作用 氢氧化铝可使小肠上段胆酸减少，影响维生素A的吸收。矿物油、新霉素能干扰维生素A和维生素D的吸收。维生素E可促进维生素A吸收，但服用大量维生素E时可耗尽体内贮存的维生素 A。大剂量的维生素 A 可以对抗糖皮质激素的抗炎作用。与噻嗪类尿剂同时使用，可致高钙血症。

维生素 AD 油

【作用与用途】维生素类药。主要用于维生素 A、D 缺乏症；局部应用能促进创伤、溃疡愈合。

【用法与用量】以维生素 A 计。内服：一次量，猪 10～15mL。

【不良反应】按规定的用法用量使用尚未见不良反应。

【注意事项】（1）用时应注意补充钙剂。

（2）维生素 A 易因补充过量而中毒，中毒时应立即停用本品和钙剂。

【休药期】暂无规定。

维 生 素 B_1

本品在体内与焦磷酸结合成二磷酸硫胺（辅羧酶），参与体内糖代谢中丙酮酸、α-酮戊二酸的氧化脱羧反应，为糖类代谢所必需。维生素 B_1 对维持神经组织、心脏及消化系统的正常机能起着重要作用。缺乏时，血中丙酮酸、乳酸增多，并影响机体能量供应；幼龄猪则出现多发性神经炎、心肌功能障碍、消化不良、生长受阻等。

药物相互作用　维生素 B_1 在碱性溶液中易分解，与碱性药物如碳酸氢钠、枸橼酸钠等配伍时，易变质。吡啶硫胺素、氨丙啉可颉颃维生素 B_1 的作用。本品可增强神经肌肉阻断剂的作用。

维生素 B_1 片

【作用与用途】维生素类药。主要用于维生素 B_1 缺乏症，如多发性神经炎；也用于胃肠弛缓等。

【用法与用量】以维生素 B_1 计。内服：一次量 25～50mg。

【不良反应】按规定的用法用量使用尚未见不良反应。

【注意事项】（1）吡啶硫胺素、氨丙啉与维生素 B_1 有颉颃作用，饲料中此类物质添加过多会引起维生素 B_1 缺乏。

（2）与其他 B 族维生素或维生素 C 合用，可对代谢发挥综合疗效。

【休药期】暂无规定。

维生素 B_1 注射液

【作用与用途】【注意事项】及【休药期】同维生素 B_1 片。

【用法与用量】以维生素 B_1 计。皮下、肌内注射：一次量 $25 \sim 50mg$。

【不良反应】注射时偶见过敏反应，甚至休克。

维 生 素 B_2

维生素 B_2 是体内黄素酶类辅基的组成部分。黄素酶在生物氧化还原中发挥递氢作用，参与体内碳水化合物、氨基酸和脂肪的代谢，并对中枢神经系统的营养、毛细血管功能具有重要影响。

药物相互作用 本品能使氨苄西林、黏菌素、链霉素、红霉素和四环素等的抗菌活性下降。

维生素 B_2 片

【作用与用途】维生素类药。主要用于维生素 B_2 缺乏症，如口炎、皮炎、角膜炎等。

【用法与用量】以维生素 B_2 计。内服：一次量，$20 \sim 30mg$。

【不良反应】按规定的用法用量使用尚未见不良反应。

【注意事项】猪内服本品后，尿液呈黄色。

【休药期】暂无规定。

维生素 B_2 注射液

【作用与用途】【不良反应】【注意事项】及【休药期】同维生素 B_2 片。

【用法与用量】以维生素 B_2 计。皮下、肌内注射：一次量 $20 \sim 30mg$。

维 生 素 B_6

维生素 B_6 是吡哆醇、吡哆醛、吡哆胺的总称，它们在动物体内有着相似的生物学作用。维生素 B_6 在体内经酶作用生成具有生理活性的磷酸吡哆醛和磷酸吡哆醇，是氨基转移酶、脱羧酶及消旋酶的辅酶，参与体内氨基酸、蛋白质、脂肪和糖的代谢。此外，维生素 B_6 还在亚油酸转变为花生四烯酸等过程中发挥重要作用。

药物相互作用 与维生素 B_{12} 合用，可促进维生素 B_{12} 的吸收。

维生素 B_6 片

【作用与用途】维生素类药。用于皮炎和周围神经炎等。

【用法与用量】以维生素 B_6 计。内服：一次量 $0.5\sim1g$。

【不良反应】按规定的用法用量使用尚未见不良反应。

【注意事项】与维生素 B_{12} 合用，可促进维生素 B_{12} 的吸收。

【休药期】无需制定。

维生素 B_6 注射液

【作用与用途】【不良反应】【注意事项】及【休药期】同维生素 B_6 片。

【用法与用量】以维生素 B_6 计。皮下、肌内或静脉注射：一次量 $0.5\sim1g$。

维 生 素 B_{12}

维生素 B_{12} 为合成核苷酸的重要辅酶的成分，它参与体内甲基转移及叶酸代谢，促进 5-甲基四氢叶酸转变为四氢叶酸。缺乏时，可致叶酸缺乏，并由此导致 DNA 合成障碍，影响红细胞的发育与成熟。本品还可促使甲基丙二酸转变为琥珀酸，参与三羧酸循环。此作用关系到神经髓鞘脂类的合成及维持有鞘神经纤维功能的完整。维生素 B_{12} 缺乏症的神经损害可能与此有关。

维生素 B_{12} 注射液

【作用与用途】维生素类药。用于维生素 B_{12} 缺乏所致的贫血、幼龄猪生长迟缓等。

【用法与用量】以维生素 B_{12} 计。肌内注射：一次量 $0.3 \sim 0.4 mg$。

【不良反应】肌内注射偶可引起皮疹、瘙痒、腹泻以及过敏性哮喘。

【注意事项】在防治巨幼红细胞贫血症时，本品与叶酸配合应用可取得更好的效果。

【休药期】暂无规定。

维 生 素 C

维生素 C 在体内和脱氢维生素 C 形成可逆的氧化还原系统，此系统在生物氧化还原反应和细胞呼吸中起重要作用。维生素 C 参与氨基酸代谢及神经递质、胶原蛋白和组织细胞间质的合成，可降低毛细血管通透性，具有促进铁在肠内吸收，增强机体对感染的抵抗力，以及增强肝脏解毒能力等作用。

药物相互作用 与水杨酸类和巴比妥合用能增加维生素 C 的排泄。与维生素 K_3、维生素 B_2、碱性药物和铁离子等溶液配伍，可降低药效，不宜配伍。可破坏饲料中的维生素 B_{12}，并与饲料中的铜、锌离子发生络合，阻断其吸收。

维生素 C 片

【作用与用途】维生素类药。主要用于维生素 C 缺乏症、发热、慢性消耗性疾病等。

【用法与用量】以维生素 C 计。内服：一次量 $0.2 \sim 0.5 g$。

【不良反应】给予高剂量时，可增加尿酸盐、草酸盐或胱氨酸结晶形成的风险。

【注意事项】（1）与水杨酸类和巴比妥合用能增加维生素 C 的排泄。

（2）与维生素 K_3、维生素 B_2、碱性药物和铁离子等溶液配伍，可影响药效，不宜配伍。

（3）可破坏饲料中的维生素 B_{12}，并与饲料中的铜、锌离子发生络合，阻断其吸收。

（4）大剂量应用时可酸化尿液，使某些有机碱类药物排泄增加，并减弱氨基糖苷类药物的抗菌作用。

【休药期】 暂无规定。

维生素 C 注射液

【作用与用途】【不良反应】 及 **【休药期】** 同维生素 C 片。

【用法与用量】 以维生素 C 计。肌内、静脉注射：一次量 $0.2\sim0.5g$。

【注意事项】 （1）与水杨酸类和巴比妥合用能增加维生素 C 的排泄。

（2）与维生素 K_3 维生素 B_2、碱性药物和铁离子等溶液配伍，可影响药效，不宜配伍。

（3）大剂量应用时可酸化尿液，使某些有机碱类药物排泄增加。

（4）对氨基糖苷类、β-内酰胺类、四环素类等多种抗生素具有不同程度的灭活作用，因此，不宜与这些抗生素混合注射。

维 生 素 D_2

维生素 D_2 属于调节组织代谢药。维生素 D_2 对钙、磷代谢及幼龄猪骨骼生长有重要影响，主要生理功能是促进钙和磷在小肠内正常吸收。维生素 D_2 的代谢活性物质能调节肾小管对钙的重吸收，维持循环血液中钙的水平，并促进骨骼的正常发育。

药物相互作用 长期大量服用液状石蜡、新霉素可减少维生素 D 的吸收。苯巴比妥等药酶诱导剂能加速维生素 D 的代谢。

维生素 D_2 胶性钙注射液

【作用与用途】 维生素类药。适用于各种因维生素 D 缺乏所引起的钙质代谢障碍，如软骨病与佝偻病等不适于口服给药者。

【用法与用量】以维生素 D_2 计。临用前摇匀。皮下、肌内注射：一次量，猪 10 000～20 000U。

【不良反应】（1）过多的维生素 D 会直接影响钙和磷的代谢，减少骨的钙化作用，在软组织出现异位钙化，以及导致心律失常和神经功能紊乱等症状。

（2）维生素 D 过多还会间接干扰其他脂溶性维生素（如维生素 A、维生素 E 和维生素 K）的代谢。

【注意事项】（1）维生素 D 过多会减少骨的钙化作用，软组织出现异位钙化，且易出现心律失常和神经功能紊乱等症状。

（2）使用维生素 D 时应注意补充钙剂，中毒时应立即停用本品和钙剂。

【休药期】无需制定。

维 生 素 D_3

维生素 D_3 是维生素 D 的主要形式之一，对钙、磷代谢及幼龄猪骨骼生长有重要影响，其主要功能是促进钙、磷在小肠内正常吸收。其代谢活性物质能调节肾小管对钙的重吸收，维持循环血液中钙的水平，并促进骨骼的正常发育。

药物相互作用 长期大量服用液状石蜡、新霉素可减少维生素 D 的吸收。苯巴比妥等药酶诱导剂能加速维生素 D 的代谢。

维生素 D_3 注射液

【作用与用途】维生素类药，主要用于防治维生素 D 缺乏症，如佝偻病、骨软症等。

【用法与用量】以维生素 D_3 计。肌内注射：一次量，每 1kg 体重，猪 1 500～3 000U。

【不良反应】（1）过多使用维生素 D 会直接影响钙和磷的代谢，

减少骨的钙化作用，在软组织出现异位钙化，以及导致心律失常和神经功能紊乱等症状。

（2）维生素 D 过多还会间接干扰其他脂溶性维生素（如维生素 A、维生素 E 和维生素 K）的代谢。

【注意事项】使用时应注意补充钙剂，中毒时应立即停用本品和钙制剂。

【休药期】暂无规定。

维 生 素 E

维生素 E 可阻止体内不饱和脂肪酸及其他易氧化物的氧化，保护细胞膜的完整性，维持其正常功能。维生素 E 与猪的繁殖机能也密切相关，具有促进性腺发育、促成受孕和防止流产等作用。另外，维生素 E 还能提高猪对疾病的抵抗力，增强抗应激能力。

药物相互作用 维生素 E 和硒同用具有协同作用。大剂量的维生素 E 可延迟抗缺铁性贫血药物的治疗效应。本品与维生素 A 同服可防止后者的氧化，增强维生素 A 的作用。液状石蜡、新霉素能减少本品的吸收。

维生素 E 注射液

【作用与用途】维生素类药。主要用于治疗维生素 E 缺乏所致的不孕症、白肌病等。

【用法与用量】以维生素 E 计。皮下、肌内注射：一次量，仔猪 100～500mg。

【注意事项】（1）维生素 E 和硒同用具有协同作用。

（2）大剂量的维生素 E 可延迟抗缺铁性贫血药物的治疗效应。

（3）液状石蜡、新霉素能减少本品的吸收。

（4）偶尔可引起死亡、流产或早产等过敏反应，可立即注射肾上腺素或抗组胺药物治疗。

（5）注射体积超过 5mL 时应分点注射。

【休药期】暂无规定。

亚硒酸钠维生素 E 注射液

【作用与用途】维生素及硒补充药。用于治疗幼龄猪白肌病。

【用法与用量】以维生素 E 计。肌内注射：一次量，仔猪 50～100mg。

【不良反应】硒毒性较大，猪单次内服亚硒酸钠的最小致死剂量为 17mg/kg，病理损伤包括水肿、充血和坏死，可涉及许多系统。

【注意事项】（1）皮下或肌内注射有局部刺激性。

（2）硒毒性较大，超量肌内注射易致猪中毒，中毒时表现为呕吐、呼吸抑制、虚弱、中枢抑制、昏迷等症状，严重时可致死亡。

【休药期】暂无规定。

亚硒酸钠维生素 E 预混剂

【作用与用途】【不良反应】及【休药期】同亚硒酸钠维生素 E 注射液。

【用法与用量】以维生素 E 计。混饲：每 1 000kg 饲料，5～10g。

烟 酰 胺

本品与烟酸统称为维生素 PP、抗癞皮病维生素。它与糖酵解、脂肪代谢、丙酮酸代谢，以及高能磷酸键的生成有着密切关系，在维持皮肤和消化器官正常功能方面亦起着重要作用。

猪烟酰胺缺乏症主要表现为代谢紊乱，尤其是被皮和消化系统疾病较多见。猪缺乏症表现为食欲下降、生长不良、口炎、腹泻、表皮脱落性皮炎和脱毛。

烟酰胺片

【作用与用途】维生素类药。主要用于烟酸缺乏症。

【用法与用量】以烟酰胺计。内服：一次量，每 1kg 体重 3～5mg。

【不良反应】按规定的用法用量使用尚未见不良反应。

【休药期】暂无规定。

烟酰胺注射液

【作用与用途】【不良反应】及【休药期】同烟酰胺片。

【用法与用量】以烟酰胺计。肌内注射：一次量，每 1kg 体重，0.2～0.6mg，幼龄猪不得超过 0.3mg。

【注意事项】肌内注射可引起注射部位疼痛。

烟　酸

烟酸在体内转化成烟酰胺，进一步生成辅酶Ⅰ和辅酶Ⅱ，在体内氧化还原反应中起传递氢的作用。它与糖酵解、脂肪代谢、丙酮酸代谢，以及高能磷酸键的生成有着密切关系，在维持皮肤和消化器官正常功能方面亦起着重要作用。

烟酸片

【作用与用途】维生素类药。主要用于烟酸缺乏症。

【用法与用量】以烟酸计。内服：一次量，每 1kg 体重，3～5mg。

【不良反应】按规定的用法用量使用尚未见不良反应。

【休药期】暂无规定。

二、钙磷与微量元素

葡 萄 糖 酸 钙

生长期动物对钙、磷需求比成年动物大，泌乳期动物对钙、磷的需求又比处于生长期的动物高。当动物钙摄取不足时，会出现急性或慢性钙缺乏症。慢性症状主要表现为骨软症、佝偻病。骨骼因钙化不全可导致软骨异常增生、退化，骨骼畸形，关节僵硬和增大，运动失调，神经肌肉功能紊乱，体重下降等；急性钙缺乏症主要与神经肌肉、心血管功能异常有关。

药物相互作用 用洋地黄治疗的猪接受静脉注射钙时易发生心律不齐。噻嗪类利尿液与大剂量钙联合使用可能会引起高血钙症。同时接受钙和镁补充有增加心律不齐的可能性。

葡萄糖酸钙注射液

【**作用与用途**】钙补充药。用于钙缺乏症及过敏性疾病，亦可解除镁离子中毒引起的中枢抑制。

【**用法与用量**】以葡萄糖酸钙计。静脉注射：一次量，5～15g。

【**不良反应**】患心脏或肾脏疾病的猪，可能出现高血钙症。

【**注意事项**】本品注射宜缓慢，应用强心苷期间禁用。有刺激性，不宜皮下或肌内注射。注射液不可漏出血管外，否则会导致疼痛及组织坏死。

【**休药期**】暂无规定。

氯 化 钙

钙在动物体内具有广泛的生理和药理作用：①促进骨骼和牙齿正常发育，维持骨骼正常的结构和功能。②维持神经纤维和肌肉的正常兴奋性，参与神经递质的正常释放。③对抗镁离子的中枢抑制及神经肌肉兴奋传导阻滞作用。④降低毛细血管膜的通透性。⑤促进凝血等。

药物相互作用 在洋地黄治疗猪期间静脉注射钙剂易引起心律失常。噻嗪类利尿药与大剂量的钙剂同时应用可引起高血钙症。静脉注射氯化钙可中和高镁血症或注射镁盐引起的毒性。注射钙剂可对抗非去极化型神经肌肉阻断剂的作用。维生素 A 摄入过量可促进骨钙的丢失，引起高钙血症。钙剂与大剂量的维生素 D 同时应用可引起钙的吸收增加，并诱发高血钙症。

氯化钙注射液

【**作用与用途**】钙补充药。用于低血钙症以及毛细血管通透性增加所致疾病。

【用法与用量】 以氯化钙计。静脉注射：一次量，1～5g。

【不良反应】 （1）钙剂治疗可能诱发高血钙症，尤其在心、肾功能不良猪。

（2）静脉注射钙剂速度过快可引起低血压、心律失常和心跳停止。

【注意事项】 （1）应用强心苷期间禁用本品。

（2）本品刺激性强，不宜皮下或肌内注射，其5%溶液不可直接静脉注射，注射前应以10～20倍葡萄糖注射液稀释。

（3）静脉注射宜缓慢。

（4）勿漏出血管。若发生漏出，受影响局部可注射生理盐水、糖皮质激素和1%普鲁卡因。

【休药期】 暂无规定。

氯化钙葡萄糖注射液

【作用与用途】【不良反应】【注意事项】 及 **【休药期】** 同氯化钙注射液。

【用法与用量】 以氯化钙计。静脉注射：一次量，1～5g。

碳　酸　钙

钙在动物体内具有广泛的生理和药理作用：①促进骨骼和牙齿正常发育，维持骨骼正常的结构和功能。②维持神经纤维和肌肉的正常兴奋性，参与神经递质的正常释放。③对抗镁离子的中枢抑制及神经肌肉兴奋传导阻滞作用。④降低毛细血管膜的通透性。⑤促进凝血等。

药物相互作用　维生素D、雌激素可增加对钙的吸收。与噻嗪类利尿药同时应用，可增加肾脏对钙的重吸收，易发生高血钙症。与四环素类药物或苯妥英钠合用，可减少二者从胃肠道吸收。本药不易与洋地黄类药物合用，与含钾药物合用时，应注意心律失常的发生。本药与氧化镁等有轻泻作用的抗酸药联用，可减少便秘等不良反应。与含铝抗酸药物合用，铝的吸收增多。

碳酸钙

【作用与用途】钙补充药。

【用法与用量】以碳酸钙计。内服：一次量，猪 3～10g。

【不良反应】按规定的用法用量使用尚未见不良反应。

【注意事项】内服给药对胃肠道有一定的刺激性。

【休药期】暂无规定。

磷 酸 氢 钙

钙磷补充药。钙和磷都是构成骨组织的重要元素，体内约 85% 的磷与钙以结合形式存在于骨和牙齿中。骨骼外的磷则具有更为广泛的作用，如参与构成细胞膜的结构物质，体内有机物的合成和降解代谢等。另外，磷以 H_2PO_4 或 HPO_4^{2-} 形式存在于体液中，并可由尿排泄，对体液的酸碱平衡起着重要的调节作用。

磷酸氢钙片

【作用与用途】钙、磷补充药。用于钙、磷缺乏症。

【用法与用量】以 $CaHPO_4 \cdot 2H_2O$ 计。内服：一次量，猪 2g。

【不良反应】按规定的用法与用量使用尚未见不良反应。

【注意事项】（1）内服可减少四环素类、氟喹诺酮类药物从胃肠道吸收。

（2）与维生素 D 类同用可促进钙吸收，但大量可诱导高钙血症。

【休药期】暂无规定。

第五节 消毒防腐药

消毒防腐药是杀灭病原微生物或抑制其生长繁殖的一类药物。

其中，消毒药指能杀灭病原微生物的药物，主要用于环境、猪舍、排泄物、用具和器械等非生物物质表面的消毒；防腐药指能抑制病原微生物生长繁殖的药物，主要用于抑制局部皮肤、黏膜和创伤等生物体表微生物，也用于食品、生物制品的防腐。二者没有绝对的界限，高浓度的防腐药也具有杀菌作用，低浓度的消毒药也只有抑菌作用。

各类消毒防腐药的作用机理各不相同，可归纳为以下三种：①使菌体蛋白质变性、沉淀，故称为"一般原浆毒"，如酚类、醇类、醛类、重金属盐类；②改变菌体细胞膜通透性，如表面活性剂；③破坏或干扰生命必需的酶系统，如氧化剂、卤素类。

消毒防腐药的作用受病原微生物的种类、药物浓度和作用时间、环境温度和湿度、环境 pH、有机物以及水质等的影响，使用时应加以注意。

一、酚类

苯酚（酚或石炭酸）

苯酚为原浆毒，使菌体蛋白凝固变性而呈现杀菌作用。0.1%～1%溶液有抑菌作用，1%～2%溶液有杀灭细菌和真菌作用，5%溶液可在 48h 内杀死炭疽芽孢，对病毒的作用较弱。碱性环境、脂类和皂类等能减弱其杀菌作用。

【作用与用途】用于器械、用具和环境等消毒。

【用法与用量】配成 2%～5%溶液。

【注意事项】（1）本品对皮肤和黏膜有腐蚀性，对动物和人有较强的毒性，不能用于创面和皮肤的消毒。

（2）忌与碘、溴、高锰酸钾、过氧化氢等配伍应用。

【休药期】无需制定。

复 合 酚

为酚、醋酸及十二烷基苯磺酸等配制而成。

【作用与用途】能杀灭多种细菌和病毒，用于猪舍、器具、排泄物和车辆等消毒。

【用法与用量】喷洒：配成 0.3%～1% 水溶液。浸涤：配成 1.6% 水溶液。

【注意事项】（1）对皮肤、黏膜有刺激性和腐蚀性，对动物和人有较强的毒性，不能用于创面和皮肤的消毒。

（2）禁与碱性药物或其他消毒剂混用。

【休药期】无需制定。

甲 酚 皂 溶 液

甲酚为原浆毒，使菌体蛋白凝固变性而呈现杀菌作用。抗菌作用比苯酚强 3～10 倍，毒性大致相等，但消毒作用比苯酚弱，较苯酚安全。可杀灭一般繁殖型病原菌，对芽孢无效，对病毒作用较弱。

【作用与用途】用于器械、猪舍或排泄物等消毒。

【用法与用量】喷洒或浸泡：配成 5%～10% 的水溶液。

【注意事项】（1）甲酚有特臭，不宜在肉联厂和食品加工厂等应用，以免影响食品质量。

（2）由于色泽污染，不宜用于棉、毛纤制品的消毒。

（3）对皮肤有刺激性，注意保护使用者的皮肤。

【休药期】无需制定。

氯 甲 酚 溶 液

氯甲酚对细菌繁殖体、真菌和结核杆菌均有较强的杀灭作用，但不能杀灭细菌芽孢。有机碱可减弱其杀菌效果。pH 较低时，杀菌效果较好。

【作用与用途】用于猪舍及环境消毒。

【用法与用量】喷洒消毒：1：（33～100）倍稀释。

【注意事项】（1）本品对皮肤、黏膜有腐蚀性。

（2）现用现配，稀释后不宜久贮。

【休药期】无需制定。

二、醛类

甲 醛 溶 液

常用福尔马林，含甲醛不少于 36.0%（g/g）。可与蛋白质中的氨基结合，使蛋白质凝固变性，其杀菌作用强，对细菌、芽孢、真菌、病毒都有效。

【作用与用途】用于猪舍熏蒸消毒。

【用法与用量】首先应对空猪舍进行彻底清扫，用水冲刷。对密闭的猪舍，按每立方米空间用 12.5～50mL 的剂量，加等量水一起加热蒸发。也可加入高锰酸钾（30g/m²）即可产生高热蒸发，熏蒸消毒 12～14h。然后开窗通风 24h。

【注意事项】（1）对皮肤、黏膜有强刺激性。药液污染皮肤，应立即用肥皂和水清洗。

（2）甲醛气体有强致癌作用，尤其肺癌。

（3）消毒后在物体表面形成一层具腐蚀作用的薄膜。

【休药期】无需制定。

复方甲醛溶液

为甲醛、乙二醛、戊二醛和苯扎氯铵与适宜辅料配制而成。

【作用与用途】用于猪舍及器具消毒。

【用法与用量】猪舍、物品、运输工具消毒：1：（200～400）倍稀释；发生疫病时消毒：1：（100～200）倍稀释。

【注意事项】（1）对皮肤、黏膜有强刺激性。操作人员要做好防护措施。

（2）温度低于5℃时，可适当提高使用浓度。

（3）忌与肥皂及其他阴离子表面活性剂、盐类消毒剂、碘化物和过氧化物等合用。

【休药期】无需制定。

浓戊二醛溶液

戊二醛为灭菌剂，具有广谱、高效和速效消毒作用。对革兰氏阳性和阴性细菌均具有迅速的杀灭作用，对细菌繁殖体、芽孢、病毒、结核杆菌和真菌等均有很好的杀灭作用。水溶液 pH 7.5～7.8 时，杀菌作用最佳。

【作用与用途】主要用于猪舍及器具的消毒。

【用法与用量】以戊二醛计。喷洒、浸泡消毒：配成 2％溶液，消毒 15～20min 或放置至干。

【注意事项】（1）避免接触皮肤和黏膜。如接触后应及时用水冲洗干净。

（2）不应接触金属器具。

【休药期】无需制定。

戊 二 醛 溶 液

【作用与用途】用于猪舍及器具的消毒。

【用法与用量】以戊二醛计。喷洒使浸透：配成 0.78％溶液，保持 5 min 或放置至干。

【注意事项】（1）避免接触皮肤和黏膜。如接触后应及时用水冲洗干净。

（2）不应接触金属器具。

【休药期】 无需制定。

稀戊二醛溶液

【作用与用途】 用于猪舍及器具的消毒。

【用法与用量】 以戊二醛计。喷洒使浸透：配成 0.78% 溶液，保持 5 min 或放置至干。

【注意事项】 避免接触皮肤和黏膜。

【休药期】 无需制定。

复方戊二醛溶液

为戊二醛和苯扎氯铵配制而成。

【作用与用途】 用于猪舍及器具的消毒。

【用法与用量】 喷洒：1 : 150 倍稀释，9mL/m²；涂刷：1 : 150 倍稀释，无孔材料表面 100mL/m²，有孔材料表面 300mL/m²。

【注意事项】 （1）易燃。为避免被灼烧，避免接触皮肤和黏膜，避免吸入，使用时需谨慎，应配备防护衣、手套、护面和护眼用具等。

（2）禁与阴离子表面活性剂及盐类消毒剂合用。

【休药期】 无需制定。

季铵盐戊二醛溶液

为苯扎氯铵、癸甲溴铵和戊二醛配制而成。配有无水碳酸钠。

【作用与用途】 用于猪舍日常环境消毒。可杀灭细菌、病毒、芽孢。

【用法与用量】 以本品计。临用前将消毒液碱化（每 100mL 消毒液加无水碳酸钠 2g，搅拌至无水碳酸钠完全溶解），再用自来水将碱化液稀释后喷雾或喷洒：$200mL/m^2$，消毒 1h。日常消毒，1：（250～500）稀释；杀灭病毒，1：（100～200）稀释；杀灭芽孢，1：（1～2）稀释。

【注意事项】（1）使用前将猪舍清理干净。

（2）对具有碳钢或铝设备的猪舍进行消毒时，需在消毒 1h 后及时清洗残留的消毒液。

（3）消毒液碱化后 3d 内用完。

（4）产品发生冻结时，用前进行解冻，并充分摇匀。

【休药期】无需制定。

三、季铵盐类

辛氨乙甘酸溶液

为两性离子表面活性剂。对化脓球菌、肠道杆菌等，以及真菌有良好的杀灭作用，对细菌芽孢无杀灭作用。具有低毒、无残留的特点，有较好的渗透性。

【作用与用途】用于猪舍、环境、器械和手的消毒。

【用法与用量】猪舍、环境、器械消毒：1：（100～200）倍稀释；手消毒：1：1 000 倍稀释。

【注意事项】（1）忌与其他消毒药合用。

（2）不宜用于粪便、污秽物及污水的消毒。

【休药期】无需制定。

苯扎溴铵溶液

为阳离子表面活性剂，对细菌如化脓球菌、肠道杆菌等有较好的杀灭作用，对革兰氏阳性菌的杀灭能力强于革兰氏阴性菌。对病毒的作用较弱，对亲脂性病毒如流感有一定的杀灭作用，对亲水性病毒无效。对结核杆菌和真菌杀灭效果甚微。对细菌芽孢只能起到抑制作用。

【作用与用途】用于手术器械、皮肤和创面消毒。

【用法与用量】以苯扎溴铵计。创面消毒：配成 0.01% 溶液；皮肤、手术器械消毒：配成 0.1% 溶液。

【应用注意】（1）禁与肥皂或其他阴离子表面活性剂、盐类消毒药、碘化物和过氧化物等合用，经肥皂洗手后，务必用水冲洗干净后再用本品。

（2）不宜用于眼科器械和合成橡胶制品的消毒。

（3）手术器械浸泡消毒时需加入 0.5% 亚硝酸钠以防止生锈，其水溶液不得贮存于聚乙烯制作的瓶内，以避免与增塑剂起反应而使药液失效。

（4）不适用于粪便、污水和皮革等消毒。

（5）可引起人的药物过敏。

【休药期】无需制定。

癸甲溴铵溶液

为阳离子表面活性剂，能吸附于细菌表面，改变菌体细胞膜的通透性，呈现杀菌作用。具有广谱、高效、无毒、抗硬水、抗有机物等特点，适用于环境、水体、器具等消毒。

【作用与用途】用于猪舍、饲喂器具和饮水等消毒。

【用法与用量】以癸甲溴铵计。猪舍、器具消毒：配成 0.015%～0.05% 溶液；饮水消毒：配成 0.002 5%～0.005% 溶液溶液。

【应用注意】（1）原液对皮肤和眼睛有轻微刺激，避免接触眼睛、皮肤和黏膜，如溅及眼睛和皮肤，应立即以大量清水冲洗至少 15min。

（2）内服有毒性，如误食立即用大量清水或牛奶洗胃。

【休药期】无需制定。

度 米 芬

为阳离子表面活性剂，可用作消毒剂、除臭剂和杀菌防霉剂。对革兰氏阳性和阴性菌均有杀灭作用，但对革兰氏阴性菌需较高浓度。对细菌芽孢、耐酸细菌和病毒效果不显著。有抗真菌作用。在中性或弱碱性溶液中效果更好，在酸性溶液中效果下降。

【作用与用途】用于创面、黏膜、皮肤和器械消毒。

【用法与用量】创面、黏膜消毒：0.02%～0.05%溶液；皮肤、器械消毒：0.05%～0.1%溶液。

【不良反应】可引起人接触性皮炎。

【注意事项】（1）禁止与肥皂、盐类和其他合成洗涤剂、无机碱合用。避免使用铝制容器。

（2）消毒金属器械需加0.5%亚硝酸钠防锈。

【休药期】无需制定。

醋 酸 氯 己 定

为阳离子表面活性剂，对革兰氏阳性、阴性菌和真菌均有杀灭作用，但对结核杆菌、细菌芽孢及某些真菌仅有抑制作用。杀菌作用强于苯扎溴铵，迅速且持久，毒性低，无局部刺激作用。不易被有机物灭活，但易被硬水中的阴离子沉淀而失去活性。

【作用与用途】用于皮肤、黏膜、手术创面、手及器械等消毒。

【用法与用量】皮肤消毒：配成0.5%醇溶液（以70%乙醇配制）；黏膜及创面消毒：配成0.05%溶液；手消毒：配成0.02%溶液；器械消毒：配成0.1%溶液。

【注意事项】（1）禁与肥皂、碱性物质和其他阳离子表面活性剂混合使用，金属器械消毒时加0.5%亚硝酸钠防锈。

（2）禁与汞、甲醛、碘酊、高锰酸钾等消毒剂配伍应用。

（3）本品遇硬水可形成不溶性盐，遇软木（塞）可失去药物活性。

【休药期】 无需制定。

<h2 style="text-align:center">月苄三甲氯铵溶液</h2>

【作用与用途】 用于猪舍及器具消毒。

【用法与用量】 猪舍消毒，喷洒：1：300 倍稀释；器具消毒，浸洗 1：（1 000～1 500）倍稀释。

【注意事项】 禁与肥皂、酚类、原酸盐类、酸类、碘化物等合用。

【休药期】 无需制定。

四、碱类

<h2 style="text-align:center">氢氧化钠（苛性钠）</h2>

为一种高效消毒剂。属原浆毒，能杀灭细菌、芽孢和病毒。2%～4%溶液可杀死病毒和细菌；30%溶液 10min 可杀死芽孢；4%溶液 45min 可杀死芽孢。

【作用与用途】 用于猪舍、仓库地面、墙壁、工作间、入口处、运输车船和饲饮具等消毒。

【用法与用量】 消毒：配成 1%～2%热溶液用于喷洒或洗刷消毒。2%～4%溶液用于病毒、细菌的消毒。5%溶液用于养殖场消毒池及对进出车辆的消毒。

【注意事项】（1）遇有机物可使其杀灭病原微生物的能力降低。

（2）消毒猪舍前应将猪赶出。

（3）对组织有强腐蚀性，能损坏织物和铝制品等。

（4）消毒时应注意防护，消毒后适时用清水冲洗。

【休药期】无需制定。

碳 酸 钠

本品溶于水中可解离出 OH⁻起抗菌作用，但杀菌效力较弱，很少单独用于环境消毒。

【作用与用途】主要用于去污性消毒，如器械煮沸消毒；也可用于清洁皮肤、去除痂皮等。

【用法与用量】外用：清洁皮肤去除痂皮，配成 0.5%～2%溶液；器械煮沸消毒：配成 1%溶液。

【休药期】无需制定。

五、卤素类

含氯石灰（漂白粉）

遇水生成次氯酸，释放活性氯和新生态氧而呈现杀菌作用。杀菌作用强，但不持久。对细菌繁殖体、芽孢、病毒及真菌都有杀灭作用，并可破坏肉毒梭菌毒素。1%溶液作用 0.5～1min 即可抑制多数繁殖型细菌的生长，1～5min 可抑制葡萄球菌和链球菌的生长，但对结核杆菌和鼻疽杆菌效果较差。30%混悬液作用 7min，炭疽芽孢停止生长。杀菌作用受有机物的影响，实际消毒时，与被消毒物的接触至少需 15～20min。含氯石灰中所含的氯可与氨和硫化氢发生反应，故有除臭作用。

【作用与用途】用于饮水、猪舍、场地、车辆及排泄物的消毒。

【用法与用量】5%～20%混悬液用于猪舍、地面和排泄物的消毒。饮水消毒：每 50 L 水加本品 1 g，30 min 后即可饮用。

【注意事项】（1）对皮肤和黏膜有刺激作用，消毒人员应注意防护。

（2）对金属有腐蚀作用，不能用于金属制品。

（3）可使有色棉织物褪色，不可用于有色衣物的消毒。

（4）现配现用，久贮易失效，保存于阴凉干燥处。

【休药期】无需制定。

次氯酸钠溶液

【作用与用途】用于猪舍、器具及环境的消毒。

【用法与用量】以本品计。猪舍、器具消毒，1：（50～100）倍稀释；常规消毒，1：1 000 倍稀释。

【应用注意】（1）本品对金属有腐蚀性，对织物有漂白作用。

（2）可伤害皮肤，置于儿童不能触及处。

（3）包装物用后集中销毁。

【休药期】无需制定。

复合次氯酸钙粉

由次氯酸钙和丁二酸配合而成。遇水生成次氯酸，释放活性氯和新生态氧而呈现杀菌作用。

【作用与用途】用于空舍、周边环境喷雾消毒和猪饲养全过程的带猪喷雾消毒，饲养器具的浸泡消毒和物体表面的擦洗消毒。

【用法与用量】（1）配制消毒母液：打开外包装后，先将 A 包内容物溶解到 10 L 水中，待搅拌完全溶解后，再加入 B 包内容物，搅拌，至完全溶解。

（2）喷雾：猪舍和环境消毒，1：（15～20）倍稀释，每 1 m³ 150～200 mL 作用 30 min；带猪消毒，预防和发病时分别按 1：20 倍和 1：15 倍稀释，每 1 m³ 50 mL 作用 30 min。

（3）浸泡、擦洗饲养器具，1：30 倍稀释，按实际需要量作用 20 min。

（4）对特定病原体如大肠杆菌、金黄色葡萄球菌 1：140 倍稀释，巴氏杆菌 1∶30 倍稀释，口蹄疫病毒 1∶2 100 倍稀释。

【注意事项】（1）配制消毒母液时，袋内的 A 包与 B 包必须按顺序一次性全部溶解，不得增减使用量。配制好的消毒液应在密封非金属容器中贮存。

（2）配制消毒液的水温不得超过 50℃和低于 25℃。

（3）若母液不能一次用完，应放于 10 L 桶内，密闭，置凉暗处，可保存 60d。

（4）禁止内服。

【休药期】无需制定。

复合亚氯酸钠

与盐酸可生产二氧化氯而发挥杀菌作用。对细菌繁殖体、芽孢、病毒及真菌都有杀灭作用，并可破坏肉毒梭菌毒素。二氧化氯形成的多少与溶液的 pH 有关，pH 越低，二氧化氯形成越多，杀菌作用越强。

【作用与用途】用于猪舍、饲喂器具及饮水等消毒，并有除臭作用。

【用法与用量】本品 1 g 加水 10 mL 溶解，加活化剂 1.5 mL 活化后，加水至 150 mL 备用。猪舍、饲喂器具消毒：15～20 倍稀释；饮水消毒：200～1 700 倍稀释。

【注意事项】（1）避免与强还原剂及酸性物质接触。注意防爆。

（2）本品浓度为 0.01％时对铜、铝有轻度腐蚀性，对碳钢有中度腐蚀。

（3）现配现用。

【休药期】无需制定。

二氯异氰脲酸钠粉（优氯净）

含氯消毒剂。在水中分解为次氯酸和氯脲酸，次氯酸释放活性氯和新生态氧，对细菌原浆蛋白产生氯化和氧化反应而呈现杀菌作用。

【作用与用途】主要用于猪舍、器具等消毒。

【用法与用量】以有效氯计。猪饲养场所、器具消毒：每1 L水，0.1～1g；疫源地消毒：每1 L水0.2g。

【注意事项】所需消毒溶液现配现用，对金属有轻微腐蚀，可使有色棉织品退色。

【休药期】无需制定。

三氯异氰脲酸粉

含氯消毒剂。在水中分解为次氯酸和氯脲酸，次氯酸释放活性氯和新生态氧，对细菌原浆蛋白产生氯化和氧化反应而呈现杀菌作用。

【作用与用途】主要用于猪舍、畜栏、器具及饮水消毒。

【用法与用量】以有效氯计。喷洒、冲洗、浸泡：猪饲养场地的消毒，配成0.16%溶液；饲养用具，配成0.04%溶液；饮水消毒，每1 L水0.4 mg，作用30 min。

【注意事项】本品对人的皮肤与黏膜有刺激作用，对织物、金属有漂白或腐蚀作用，使用时注意防护。

【休药期】无需制定。

溴 氯 海 因 粉

为有机溴氯复合型消毒剂，能同时解离出溴和氯分别形成次氯酸和次溴酸，有协调增效作用。溴氯海因具广谱杀菌作用，对细菌繁殖型芽孢、真菌和病毒有杀灭作用。

【作用与用途】用于猪舍、运输工具等的消毒。

【用法与用量】以本品计。喷洒、擦洗或浸泡：环境或运载工具细菌繁殖体的消毒，按1∶1 333倍稀释。

【注意事项】（1）本品对炭疽芽孢无效。

（2）禁用金属容器盛放。

【休药期】 无需制定。

碘

碘能引起蛋白质变性而具有极强的杀菌力，能杀死细菌、芽孢、霉菌、病毒和部分原虫。碘难溶于水，在水中不易水解形成次碘酸。在碘水溶液中具有杀菌作用的成分为元素碘（I_2）、三碘化物的离子（I_3^-）和次碘酸（HIO），其中次碘酸的量较少，但作用最强，I_2 次之，解离的 I_3^- 杀菌作用极微弱。在酸性条件下，游离碘增多，杀菌作用较强；在碱性条件下则相反。商品化碘消毒剂较多。

【药物相互作用】 与含汞化合物相遇，产生碘化汞而呈现毒性作用。

【用法与用量】 碘常用制剂为碘甘油、碘酊等。用量请见相关制剂。

【不良反应】 使用时偶尔引起过敏反应。

【注意事项】（1）对碘过敏的动物禁用。

（2）禁与含汞化合物配伍。

（3）必须涂于干的皮肤上，如涂于湿皮肤上不仅杀菌效力降低，而且易引起发疱和皮炎。

（4）配制碘液时，若碘化物过量加入，可使游离碘变为碘化物，反而导致碘失去杀菌作用。配制的碘溶液应存放在密闭容器内。

（5）若存放时间过久，颜色变淡，应测定碘含量，并将碘浓度补足后再使用。

（6）碘可着色，沾有碘液的天然纤维织物不易洗除。

（7）长时间浸泡金属器械会产生腐蚀性。

【休药期】 无需制定。

碘　酊

碘酊是常用最有效的皮肤消毒药。含碘 2％，碘化钾 1.5％，加水适量，以 50％乙醇配制。

【作用与用途】用于手术前和注射前皮肤消毒和术野消毒。

【用法与用量】一般使用 2％碘酊，外用：涂擦皮肤。

【不良反应】与**【注意事项】**同碘。

【休药期】无需制定。

碘　甘　油

碘甘油刺激性较小。含含碘 1％，碘化钾 1％，加甘油适量配制而成。

【作用与用途】用于黏膜表面消毒，治疗口腔、舌、齿龈、阴道等黏膜炎症与溃疡。

【用法与用量】涂擦皮肤。

【不良反应】与**【注意事项】**同碘。

【休药期】无需制定。

碘　附

碘附由碘、碘化钾、硫酸、磷酸等配制而成。

【作用与用途】消毒剂。用于猪舍、饲喂器具、手术部位和手术器械消毒。

【用法与用量】以本品计。喷洒、冲洗、浸泡：手术部位和手术器械消毒，用水 1∶（3～6）倍稀释；猪舍、饲喂器具消毒，用水 1∶（100～200)倍稀释。

【不良反应】与**【注意事项】**同碘。

【休药期】无需制定。

碘酸混合溶液

【作用与用途】用于猪舍、用具及饮水的消毒。

【用法与用量】用于病毒消毒：配成 0.6%～2%溶液；猪舍及用具消毒：配成 0.33%～0.50%溶液。

【不良反应】与**【注意事项】**同碘。

【休药期】无需制定。

聚维酮碘溶液

通过释放游离碘，破坏菌体新陈代谢，对细菌、病毒和真菌均有良好的杀灭作用。

【作用与用途】常用于手术部位、皮肤和黏膜消毒。

【用法与用量】以聚维酮碘计。皮肤消毒及治疗皮肤病：配成 5%溶液；黏膜及创面冲洗：配成 0.1%溶液。带猪消毒可用 0.5%溶液。

【注意事项】（1）当溶液变为白色或淡黄色时失去消毒活性。

（2）勿用金属容器盛装。

（3）勿与强碱类物质及重金属物质混用。

【休药期】无需制定。

蛋氨酸碘溶液

为蛋氨酸与碘的络合物。通过释放游离碘，破坏菌体新陈代谢，对细菌、病毒和真菌均有良好的杀灭作用。

【作用与用途】主要用于猪舍消毒。

【用法与用量】以本品计。猪舍消毒：取本品稀释 500～2 000 倍后喷洒。

【注意事项】勿与维生素 C 等强还原剂同时使用。

【休药期】无需制定。

六、氧化剂类

过氧乙酸溶液

为强氧化剂，遇有机物放出初生态氧通过氧化作用杀灭病原微生物。

【作用与用途】用于猪舍、用具（食槽、水槽）、场地的喷雾消毒及猪舍内空气消毒。可以带猪消毒，也可用于饲养人员手臂消毒。

【用法与用量】以本品计。喷雾消毒：猪舍 1：（200～400）倍稀释；熏蒸消毒：5～15mL/m³；浸泡消毒：器具等 1：500 倍稀释；饮水消毒：每 10L 水加本品 1mL。

【注意事项】（1）使用前将 A、B 液混合反应 10h 生产过氧乙酸消毒液。

（2）本品腐蚀性强，操作时应戴防护手套，避免药液灼伤皮肤。

（3）稀释时避免使用金属器具。

（4）稀释液易分解，宜现用现配。

（5）配好的溶液应低温、避光、密闭保存，置玻璃瓶内或硬质塑料瓶内。

【休药期】无需制定。

过硫酸氢钾复合物粉

【作用与用途】用于猪舍、空气和饮水等消毒。

【用法与用量】浸泡、喷雾：猪舍环境、饮水设备及空气消毒、终末消毒、设备消毒、脚踏盆消毒：1：200 倍稀释；饮水消毒：1：1 000 倍稀释。用于特定病原体，大肠杆菌、金黄色葡萄球菌：1：400 倍稀释；用于链球菌：1：800 倍稀释。

【注意事项】（1）不得与碱类物质混存或合并使用。

（2）产品用尽后，包装不得乱丢，应集中处理。

（3）现配现用。

【休药期】无需制定。

七、酸类

醋　　酸

又名乙酸。对细菌、真菌、芽孢和病毒均有较强的杀灭作用。一般来说，对细菌繁殖体最强，其他依次为真菌、病毒、结核杆菌及芽孢。

【作用与用途】用于空气消毒等。

【用法与用量】空气消毒：稀醋酸（36%～37%）溶液加热蒸发，每 100 m³ 20～40 mL（加 5～10 倍水稀释）。

【注意事项】（1）避免与眼睛接触，若与高浓度醋酸接触，立即用清水冲洗。

（2）避免接触金属器械，以免产生腐蚀作用。

（3）禁与碱性药物配伍。

【休药期】无需制定。

第六节　中兽药制剂

二 母 冬 花 散

【主要成分】知母、浙贝母、款冬花、桔梗、苦杏仁等。

【性状】本品为淡棕黄色的粉末；气香，味微苦。

【功能】清热润肺，止咳化痰。

【主治】肺热咳嗽。

证见精神倦怠，食欲减退，口渴贪饮，大便干燥，小便短赤，咳声洪亮，气促喘粗，呼出气热，鼻流黏涕或脓涕，口色赤红，舌苔黄燥，脉象洪数。

【用法与用量】猪 40～80g。

【不良反应】按规定剂量使用，暂未见不良反应。

【注意事项】风寒感冒咳嗽不宜。

二 陈 散

【主要成分】姜半夏、陈皮、茯苓、甘草。

【性状】本品为淡棕黄色的粉末；气微香，味甘、微辛。

【功能】燥湿化痰，理气和胃。

【主治】湿痰咳嗽，呕吐，腹胀。

证见咳嗽痰多，色白，咳时偶见呕吐，舌苔白润，口津滑利，脉缓。

【用法与用量】猪 30～45g。

【不良反应】按规定剂量使用，暂未见不良反应。

【注意事项】阴虚燥咳忌用。

十 黑 散

【主要成分】知母、黄柏、栀子、地榆、槐花等。

【性状】本品为深褐色的粉末；味焦苦。

【功能】清热泻火，凉血止血。

【主治】膀胱积热，尿血，便血。

证见尿液短赤，排尿困难，淋漓不畅，重症可见尿中带血或砂石，混浊，口色红，舌苔黄腻，脉数。

【用法与用量】猪 60～90g。

【不良反应】按规定剂量使用，暂未见不良反应。

【注意事项】暂无规定。

七 补 散

【主要成分】党参、白术（炒）、茯苓、甘草、炙黄芪等。

【性状】本品为淡灰褐色的粉末；气清香，味辛、甘。

【功能】培补脾肾，益气养血。

【主治】劳伤，虚损，体弱。

证见精神倦怠，头低耳聋，食欲减退，毛焦欣吊，多卧少立，口色淡白，脉虚无力；兼见粪便清稀，或直肠、子宫脱垂，咳嗽无力，呼吸气短，动则喘甚，自汗。阳虚者，证见畏寒怕冷，四肢发凉，口色淡白，脉象沉迟；兼见腰膝痿软，起卧艰难，阳痿滑精，久泻不止。

【用法与用量】猪45～80g。

【不良反应】按规定剂量使用，暂未见不良反应。

【注意事项】暂无规定。

八 正 散

【主要成分】木通、瞿麦、萹蓄、车前子、滑石等。

【性状】本品为淡灰黄色的粉末；气微香，味淡、微苦。

【功能】清热泻火，利尿通淋。

【主治】湿热下注，热淋，血淋，石淋，尿血。

（1）热淋　证见精神倦怠，食欲减退，排尿痛苦，尿少频数，淋漓不畅，尿色黄赤，口色赤红，苔黄，脉象滑数。

（2）血淋　证见排尿困难，淋漓涩痛，小便频数，尿中带血，尿色紫红，舌红苔黄，脉象滑数。

（3）石淋　证见小便短赤，淋漓不畅，排尿中断，时有腹痛，尿中带血，舌淡苔黄腻，脉象滑数。

（4）尿血　证见精神倦怠，食欲减少，小便短赤，尿中混有血液或血块，色鲜红或暗紫，口色红，脉象细数。

【用法与用量】猪 30～60g。

【不良反应】按规定剂量使用，暂未见不良反应。

【注意事项】暂无规定。

三 子 散

【主要成分】诃子、川楝子、栀子。

【性状】本品为姜黄色的粉末；气微，味苦、涩、微酸。

【功能】清热解毒。

【主治】三焦热盛，疮黄肿毒，脏腑实热。

（1）三焦热盛　证见发热，发斑，狂躁不安，或疮黄疔毒，舌红口干，苔黄，脉数有力等。

（2）疮症　证见初起局部肿胀，硬而多有疼痛或发热，最终化脓破溃。轻者全身症状不明显，重者发热倦怠，食欲不振，口色红，脉数。

（3）黄症　证见局部肿胀，初期发硬，继之扩大变软，无痛，久则破溃流出黄水，口色鲜红，脉象洪大。

【用法与用量】猪 10～30g。

【不良反应】按规定剂量使用，暂未见不良反应。

【注意事项】暂无规定。

三 白 散

【主要成分】玄明粉、石膏、滑石。

【性状】本品为白色的粉末；气微，味咸。

【功能】清胃泻火，通便。

【主治】胃热食少，大便秘结，小便短赤。

（1）胃热食少　证见精神不振，食少或不食，耳鼻温热，口臭，贪饮，粪干尿少，口舌干燥，口色赤红，舌苔黄干或黄厚，脉象洪数。

（2）大便秘结　证见精神沉郁，少食喜饮，排粪困难，弓腰努责，排少量干小粪球，肚腹膨大，口臭，口色干红，舌苔黄，脉象洪大或沉涩。

（3）小便短赤　证见精神倦怠，食欲减退，排尿痛苦，尿少频数，淋漓不畅，尿色黄赤，口色赤红，苔黄，脉象滑数。

【用法与用量】猪 30～60g。

【不良反应】按规定剂量使用，暂未见不良反应。

【注意事项】胃无实热，年老、体质素虚者和妊娠猪忌用。

三 香 散

【主要成分】丁香、木香、藿香、青皮、陈皮等。

【性状】本品为黄褐色的粉末；气香，味辛、微苦。

【功能】破气消胀，宽肠通便。

【主治】胃肠臌气。

【用法与用量】猪 30～60g。

【不良反应】按规定剂量使用，暂未见不良反应。

【注意事项】血枯阴虚、热盛伤津者禁用。

大 承 气 散

【主要成分】大黄、厚朴、枳实、玄明粉。

【性状】本品为棕褐色的粉末；气微辛香，味咸、微苦、涩。

【功能】攻下热结，通肠。

【主治】结症，便秘。

证见精神不振，水草减少，耳鼻俱热，鼻镜干燥，或体温升高，粪球干小，拱腰努责，排粪困难，或完全不排粪，肚腹胀满，小便短赤，口色赤红，舌苔黄厚，脉象沉数。猪鼻盘干燥，有时可在腹部摸到硬粪块。

【用法与用量】猪 60～120g。

【不良反应】按规定剂量使用，暂未见不良反应。

【注意事项】妊娠猪禁用；气虚阴亏或表证未解者慎用。

大 黄 末

【主要成分】大黄。

【性状】本品为黄棕色的粉末；气清香，味苦、微涩。

【功能】健胃消食，泻热通肠，凉血解毒，破积行瘀。

【主治】食欲不振，实热便秘，结症，疮黄疔毒，目赤肿痛，烧伤烫伤，跌打损伤。

（1）实热便秘　证见腹痛起卧，粪便不通，小便短赤或黄，口臭，口干舌红，苔黄厚，脉象沉数。猪鼻盘干燥，有时可在腹部摸到硬粪块。

（2）疮症　初起局部肿胀，硬而多有疼痛或发热，最终化脓破溃。轻者全身症状不明显，重者发热倦怠，食欲不振，口色红，脉数。

（3）黄症　证见局部肿胀，初期发硬，继之扩大变软，无痛，久则破溃流出黄水，口色鲜红，脉洪大。

（4）目赤肿痛　证见白睛潮红充血，疼痛，羞明流泪，眵多难睁；继则睛生翳膜，视物不清，牵行不动，或行走乱撞；口色鲜红，脉象弦数。

【用法与用量】猪 10～20g。

【不良反应】按规定剂量使用，暂未见不良反应。

【注意事项】妊娠猪慎用。

大 黄 酊

【主要成分】大黄。

【性状】本品为红棕色的液体；味苦、涩。

【功能】健胃，通便。

【主治】食欲不振，大便秘结。

【用法与用量】猪 5～15mL。

【不良反应】按规定剂量使用，暂未见不良反应。

【注意事项】妊娠猪慎用。

大黄碳酸氢钠片

【主要成分】大黄、碳酸氢钠。

【性状】本品为黄橙色或棕褐色片。

【功能】健胃。

【主治】食欲不振，消化不良。

【用法与用量】猪 15～30 片。

【不良反应】按规定剂量使用，暂未见不良反应。

【注意事项】妊娠猪慎用。

山 大 黄 末

【主要成分】山大黄。

【性状】本品为黄棕色的粉末；气香，味苦。

【功能】健胃消食，清热解毒，破瘀消肿。

【主治】食欲不振，胃肠积热，湿热黄疸，热毒痈肿，跌打损伤，瘀血肿痛，烧伤。

（1）胃肠积热　证见精神倦怠，耳耷头低，口干舌燥，口臭涎黏，大便干燥，小便短少，口色红，舌苔黄，脉象洪数。

（2）湿热黄疸　证见体热不退，黏膜黄染，色泽鲜明如橘，精神不振，食欲减少或废绝，肚腹胀满，大便溏泻、有时干硬，小便短黄，口津黏少，舌苔黄腻，脉象滑数。

【用法与用量】猪 10～20g。外用适量，调敷患处。

【不良反应】 按规定剂量使用，暂未见不良反应。

【注意事项】 暂无规定。

千 金 散

【主要成分】 蔓荆子、旋覆花、僵蚕、天麻、乌梢蛇等。

【性状】 本品为淡棕黄色至浅灰褐色的粉末；气香窜，味淡、辛、咸。

【功能】 熄风解痉。

【主治】 破伤风。

【用法与用量】 猪 30～100g。

【不良反应】 按规定剂量使用，暂未见不良反应。

【注意事项】 暂无规定。

小 柴 胡 散

【主要成分】 柴胡、黄芩、姜半夏、党参、甘草。

【性状】 本品为黄色的粉末；气微香，味甘、微苦。

【功能】 和解少阳，解热。

【主治】 少阳证，寒热往来，不欲饮食，口津少，反胃呕吐。

证见精神时好时差，不欲饮食，寒热往来，耳鼻时冷时热，口干津少，苔薄白，脉弦。

【用法与用量】 猪 30～60g。

【不良反应】 按规定剂量使用，暂未见不良反应。

【注意事项】 暂无规定。

马 钱 子 酊

【主要成分】 马钱子。

【性状】 本品为棕色的液体；味苦。

【功能】健胃。

【主治】脾虚不食。

证见精神委顿，四肢倦怠，头低耳耷；后期消瘦，毛焦欣吊，耳鼻稍凉，卧多立少，口色淡黄或无色，口内湿润，舌质绵软，舌苔薄白，脉细无力。

【用法与用量】猪 1～2.5mL。

【不良反应】按规定剂量使用，暂未见不良反应。

【注意事项】妊娠猪禁用；不宜久服。

无　失　散

【主要成分】槟榔、牵牛子、郁李仁、木香、木通等。

【性状】本品为棕黄色的粉末；气香，味咸。

【功能】泻下通肠。

【主治】结症，便秘。

（1）结症　按结粪不同部位可分为前结、中结和后结三种，其共同特点是不排粪。前结发病突然，证见腹痛剧烈，前蹄刨地，不时起卧、滚转，口干少津，舌苔黄，口色红紫，脉象沉数或沉细；中结发病较缓，证见腹痛起卧，或后肢踢腹，腹部略显臌胀，口津干黏，舌苔黄燥，呼吸迫促，口色红绛，脉象沉涩；后结证见轻微腹痛，偶尔起卧，尾巴不断扑打腹部，或回头观腹，频频作排粪姿势。

（2）热结便秘　证见精神不振，耳鼻俱热，鼻镜干燥，或体温升高，粪球干小，拱腰努责，排粪困难，或完全不能排粪，肚腹胀满，小便短赤，口色赤红，舌苔黄厚，脉象沉数。猪鼻盘干燥，有时可在腹部摸到硬粪块。

【用法与用量】猪 50～100g。

【不良反应】按规定剂量使用，暂未见不良反应。

【注意事项】老龄、幼年、体质虚弱或妊娠猪慎用。

木 香 槟 榔 散

【主要成分】木香、槟榔、枳壳（炒）、陈皮、醋青皮等。

【性状】本品为灰棕色的粉末；气香，味苦、微咸。

【功能】行气导滞，泻热通便。

【主治】痢疾腹痛，胃肠积滞。

（1）湿热痢疾　证见精神短少，腹痛蜷卧，食欲减少甚至废绝；弓腰努责，泻粪不爽，次多量少，里急后重，下痢稀糊，赤白相杂，或呈白色胶冻状；口色赤红，舌苔黄腻，脉数。

（2）胃肠积滞　包括胃食滞和肠梗塞（肠梗阻或肠便秘）。

【用法与用量】猪 60～90g。

【不良反应】按规定剂量使用，暂未见不良反应。

【注意事项】暂无规定。

木 槟 硝 黄 散

【主要成分】槟榔、大黄、玄明粉、木香。

【性状】本品为棕褐色的粉末；气香，味微涩、苦、咸。

【功能】泻热通便，理气止痛。

【主治】实热便秘，胃肠积滞。

（1）实热便秘　证见腹痛起卧，粪便不通，小便短赤或黄，口臭，口干舌红，苔黄厚，脉象沉数。猪鼻盘干燥，有时可在腹部摸到硬粪块。

（2）胃肠积滞　包括胃食滞和肠梗塞（肠梗阻或肠便秘）。

【用法与用量】猪 60～90g。

【不良反应】按规定剂量使用，暂未见不良反应。

【注意事项】暂无规定。

五 皮 散

【主要成分】桑白皮、陈皮、大腹皮、姜皮、茯苓皮。

【性状】本品为黄褐色的粉末；气微香，味辛。

【功能】行气，化湿，利水。

【主治】水肿。

【用法与用量】猪 45～60g。

【不良反应】按规定剂量使用，暂未见不良反应。

【注意事项】暂无规定。

五 苓 散

【主要成分】茯苓、泽泻、猪苓、肉桂、白术（炒）。

【性状】本品为淡黄色的粉末；气微香，味甘、淡。

【功能】温阳化气，利湿行水。

【主治】水湿内停，排尿不利，泄泻，水肿，宿水停脐。

（1）水湿内停 水湿积于肌肤则成水肿，积于胸中则成胸水，积于腹中则成腹水等。

（2）宿水停脐 病初症状不显，而后逐渐出现两肷凹陷，腹部下垂，左右对称膨大，皮肤紧张；触诊下腹有荡水声和波动感。精神倦怠，耳聋头低，食欲减退，口色青黄，脉象沉涩；严重者，毛焦欧吊，日渐消瘦，有时四肢及腹下水肿。

（3）泄泻 证见精神倦怠，泻粪似水或稀薄，小便不利，耳鼻俱凉，口色青白，脉象沉迟。

【不良反应】按规定剂量使用，暂未见不良反应。

【用法与用量】猪 30～60g。

【不良反应】按规定剂量使用，暂未见不良反应。

【注意事项】暂无规定。

五虎追风散

【主要成分】僵蚕、天麻、全蝎、蝉蜕、制天南星。

【性状】本品为淡棕黄色的粉末;气香,味微苦。

【功能】熄风解痉。

【主治】破伤风。

【用法与用量】猪 30~60g。

【不良反应】按规定剂量使用,暂未见不良反应。

【注意事项】暂无规定。

止 咳 散

【主要成分】知母、枳壳、麻黄、桔梗、苦杏仁等。

【性状】本品为棕褐色的粉末;气清香,味甘、微苦。

【功能】清肺化痰,止咳平喘。

【主治】肺热咳喘。

证见咳嗽不爽,咳声洪大,气促喘粗,肷肋扇动,呼出气热,鼻涕黄而黏稠。全身症状较重,体温常升高,汗出,精神沉郁或高度沉郁,食欲减少或废绝,咽喉肿痛,粪便干燥,尿液短赤,口渴贪饮,口色赤红,苔黄燥,脉象洪数。

【用法与用量】猪 45~60g。

【不良反应】按规定剂量使用,暂未见不良反应。

【注意事项】暂无规定。

止 痢 散

【主要成分】雄黄、藿香、滑石。

【性状】本品为浅棕红色的粉末;气香,味辛、微苦。

【功能】清热解毒,化湿止痢。

【主治】仔猪白痢。

【用法与用量】仔猪 2~4g。

【不良反应】按规定剂量使用，暂未见不良反应。

【注意事项】不宜久服。

公 英 散

【主要成分】蒲公英、金银花、连翘、丝瓜络、通草等。

【性状】本品为黄棕色的粉末；味微甘、苦。

【功能】清热解毒，消肿散痈。

【主治】乳痈初起，红肿热痛。

证见乳汁分泌不畅，泌乳减少或停止，乳汁稀薄或呈水样，并含有絮状物；患侧乳房肿胀、变硬、增温、疼痛，不愿或拒绝哺乳；体温升高，精神不振，食欲减少，站立时两后肢开张，行走缓慢；口色红燥，舌苔黄，脉象洪数。

【用法与用量】猪 30~60g。

【不良反应】按规定剂量使用，暂未见不良反应。

【注意事项】暂无规定。

乌 梅 散

【主要成分】乌梅、柿饼、黄连、姜黄、诃子。

【性状】本品为棕黄色的粉末；气微香，味苦。

【功能】清热解毒，涩肠止泻。

【主治】仔猪奶泻。

证见腹泻，粪便糊状含白色凝乳状小块，或水样，全身比较虚弱，舌质淡，脉象沉细无力。

【用法与用量】仔猪 10~15g。

【不良反应】按规定剂量使用，暂未见不良反应。

【**注意事项**】本方收敛止泻作用较强，粪便恶臭或带脓血者慎用。

六 味 地 黄 散

【**主要成分**】熟地黄、酒萸肉、山药、牡丹皮、茯苓等。

【**性状**】本品为灰棕色的粉末；味甜、酸。

【**功能**】滋补肝肾。

【**主治**】肝肾阴虚，腰胯无力，盗汗，滑精，阴虚发热。

证见站立不稳，时欲倒地，腰胯无力，眼干涩，视力减退，或夜盲内障。低热或午后发热，盗汗，口色红，苔少或无苔，脉象细数。公猪举阳滑精，母猪发情周期不正常。

【**用法与用量**】猪 15～50g。

【**不良反应**】按规定剂量使用，暂未见不良反应。

【**注意事项**】体实及阳虚者忌用；感冒者慎用；脾虚、气滞、食少纳呆者慎用。

巴 戟 散

【**主要成分**】巴戟天、小茴香、槟榔、肉桂、陈皮等。

【**性状**】本品为褐色的粉末；气香，味甘、苦。

【**功能**】补肾壮阳，祛寒止痛。

【**主治**】腰胯风湿。

证见背腰僵硬，患部肌肉与关节疼痛，难起难卧，运步不灵，跛行明显，运动后有所减轻，重则卧地不起，髋结节等处磨破形成褥疮；全身症状有形寒肢冷，耳鼻不温，易汗，食欲减少，口色淡，苔白，脉象沉迟无力。

【**用法与用量**】猪 45～60g。

【**不良反应**】按规定剂量使用，暂未见不良反应。

【**注意事项**】妊娠猪慎用。

甘 草 颗 粒

【主要成分】甘草。

【性状】本品为黄棕色至棕褐色的颗粒；味甜，略苦涩。

【功能】祛痰止咳。

【主治】咳嗽。

【用法与用量】猪 6～12g。

【不良反应】按规定剂量使用，暂未见不良反应。

【注意事项】不与海藻、大戟、甘遂、芫花合用。

龙 胆 泻 肝 散

【主要成分】龙胆、车前子、柴胡、当归、栀子等。

【性状】本品为淡黄褐色的粉末；气清香，味苦，微甘。

【功能】泻肝胆实火，清三焦湿热。

【主治】目赤肿痛，淋浊，带下。

（1）目赤肿痛　证见结膜潮红、充血、肿胀、疼痛，眵盛难睁，羞明流泪。

（2）淋浊　证见排尿困难，疼痛不安，弓腰努责，频现排尿姿势，尿量少，淋漓不尽，尿色白浊或赤黄或鲜红带血，气味臊臭。

（3）带下　证见阴道流出大量污浊或棕黄色脓性分泌物，常含有絮状物或胎衣碎片，腥臭，精神沉郁，食欲不振，口色红赤，苔黄厚腻，脉象洪数。

【用法与用量】猪 30～60g。

【不良反应】按规定剂量使用，暂未见不良反应。

【注意事项】脾胃虚寒者禁用。

龙　胆　酊

【主要成分】龙胆。

【性状】本品为黄棕色的液体；味苦。

【功能】健胃。

【主治】食欲不振。

【用法与用量】猪 5～10mL。

【不良反应】按规定剂量使用，暂未见不良反应。

【注意事项】暂无规定。

龙胆碳酸氢钠片

【主要成分】龙胆、碳酸氢钠。

【性状】本品为棕黄色片；气微，味苦。

【功能】清热燥湿，健胃。

【主治】食欲不振。

【用法与用量】猪 10～30 片。

【不良反应】按规定剂量使用，暂未见不良反应。

【注意事项】暂无规定。

平　胃　散

【主要成分】苍术、厚朴、陈皮、甘草。

【性状】本品为棕黄色粉末；气香，味苦，微甜。

【功能】燥湿健脾，理气开胃。

【主治】湿困脾土，食少，粪稀软。

证见完谷不化，食少便稀，肚腹胀满，呕吐增多。

【用法与用量】猪 30～60g。

【不良反应】按规定剂量使用，暂未见不良反应。

【注意事项】暂无规定。

四 君 子 散

【主要成分】党参、白术（炒）、茯苓、炙甘草。

【性状】本品为灰黄色的粉末；气微香，味甘。

【功能】益气健脾。

【主治】脾胃气虚，食少，体瘦。

证见体瘦毛焦，倦怠乏力，食少纳呆，粪便溏稀，完谷不化，口色淡白，脉弱。

【用法与用量】猪 30～45g。

【不良反应】按规定剂量使用，暂未见不良反应。

【注意事项】暂无规定。

四 逆 汤

【主要成分】淡附片、干姜、炙甘草。

【性状】本品为棕黄色的液体；气香，味甜、辛。

【功能】温中祛寒，回阳救逆。

【主治】四肢厥冷，脉微欲绝，亡阳虚脱。

亡阳虚脱　证见精神沉郁，恶寒战栗，呼吸浅表，食欲大减或废绝，胃肠蠕动音减弱，体温降低，耳鼻、口唇、四肢末端或全身体表发凉，口色淡白，舌津湿润，脉象沉细无力。

【用法与用量】猪 30～50mL。

【不良反应】按规定剂量使用，暂未见不良反应。

【注意事项】妊娠猪禁用；不宜久服。

生 乳 散

【主要成分】黄芪、党参、当归、通草、川芎等。

【性状】本品为淡棕褐色的粉末；气香，味甘、苦。

【功能】补气养血，通经下乳。

【主治】气血不足的缺乳和乳少症。

【用法与用量】猪 60～90g。

【不良反应】按规定剂量使用，暂未见不良反应。

【注意事项】暂无规定。

白 术 散

【主要成分】白术、当归、川芎、党参、甘草等。

【性状】本品为棕褐色的粉末；气微香，味甘、微苦。

【功能】补气，养血，安胎。

【主治】胎动不安。

证见站立不安，回头顾腹，弓腰努责，频频排出少量尿液，阴道流出带血水浊液，间有起卧，胎动增加。

【用法与用量】猪 60～90g。

【不良反应】按规定剂量使用，暂未见不良反应。

【注意事项】暂无规定。

白 龙 散

【主要成分】白头翁、龙胆、黄连。

【性状】本品为浅棕黄色的粉末；气微，味苦。

【功能】清热燥湿，凉血止痢。

【主治】湿热泻痢，热毒血痢。

（1）湿热泻痢　证见精神沉郁，发热，食欲减少或废绝，口渴多饮，有时轻微腹痛，蜷腰卧地，排粪次数明显增多，频频努责，里急后重，泻粪稀薄或呈水样，腥臭甚至恶臭，尿短赤，口色红，舌苔黄厚，口臭，脉象沉数。

（2）**热毒血痢** 证见湿热泻痢症状，粪中混有大量血液。

【用法与用量】猪 10～20g。

【不良反应】按规定剂量使用，暂未见不良反应。

【注意事项】脾胃虚寒者禁用。

白 头 翁 散

【主要成分】白头翁、黄连、黄柏、秦皮。

【性状】本品为浅灰黄色的粉末；气香，味苦。

【功能】清热解毒，凉血止痢。

【主治】湿热泄泻，下痢脓血。

证见精神沉郁，体温升高，食欲不振或废绝，口渴多饮，有时轻微腹痛，排粪次数明显增多，频频努责，里急后重，泻粪稀薄或呈水样，混有脓血黏液，腥臭甚至恶臭，尿短赤，口色红，舌苔黄厚，口臭，脉象沉数。

【用法与用量】猪 30～45g。

【不良反应】按规定剂量使用，暂未见不良反应。

【注意事项】脾胃虚寒者禁用。

白 矾 散

【主要成分】白矾、浙贝母、黄连、白芷、郁金等。

【性状】本品为黄棕色的粉末；气香，味甘、涩、微苦。

【功能】清热化痰，下气平喘。

【主治】肺热咳喘。

证见精神沉郁，耳鼻温热，咳嗽，有时张口伸颈而喘，鼻流浓涕，口渴喜饮，大便干燥，小便短赤，口干舌红或发绀，舌苔黄厚腻，脉象洪数。

【用法与用量】猪 40～80g。

【不良反应】按规定剂量使用，暂未见不良反应。

【注意事项】暂无规定。

加 减 消 黄 散

【主要成分】大黄、玄明粉、知母、浙贝母、黄药子等。

【性状】本品为淡黄色的粉末；气微香，味苦、咸。

【功能】清热泻火，消肿解毒。

【主治】脏腑壅热，疮黄肿毒。

（1）脏腑壅热　证见发热，呼吸迫促，口津干少，粪干尿少，舌红苔黄，脉象洪数。

（2）黄症　证见局部肿胀，初期发硬，继之扩大变软，无痛，久则破溃流出黄水，口色鲜红，脉象洪大。

【用法与用量】猪 30～60g。

【不良反应】按规定剂量使用，暂未见不良反应。

【注意事项】暂无规定。

百 合 固 金 散

【主要成分】百合、白芍、当归、甘草、玄参等。

【性状】本品为黑褐色的粉末；味微甘。

【功能】养阴清热，润肺化痰。

【主治】肺虚咳喘，阴虚火旺，咽喉肿痛。

证见干咳少痰，痰中带血，咽喉疼痛，舌红苔少，脉象细数。

【用法与用量】猪 45～60g。

【不良反应】按规定剂量使用，暂未见不良反应。

【注意事项】外感咳嗽、寒湿痰喘者忌用；脾虚便溏、食欲不振者慎用。

曲 麦 散

【主要成分】六神曲、麦芽、山楂、厚朴、枳壳等。

【性状】本品为黄褐色的粉末；气微香，味甜、苦。

【功能】消积破气，化谷宽肠。

【主治】胃肠积滞，料伤五攒痛。

胃肠积滞　证见食欲废绝，肚腹胀满，有时腹痛起卧，前肢刨地，后肢踢腹，粪便酸臭，口色赤红，舌苔黄厚，脉象沉紧。

【用法与用量】猪 40～100g。

【不良反应】按规定剂量使用，暂未见不良反应。

【注意事项】暂无规定。

肉 桂 酊

【主要成分】肉桂。

【性状】本品为黄棕色的液体；气香，味辛。

【功能】温中健胃。

【主治】食欲不振，胃寒，冷痛。

（1）胃寒　证见食欲减少，毛焦欣吊，头低耳耷，鼻寒耳冷，粪便稀软，尿清长，口色青白或淡白，舌苔淡白，口津滑利，脉象沉迟。

（2）冷痛　证见肠鸣腹痛，起卧滚转，前肢刨地，后肢踢腹，回头顾腹，鼻寒耳冷，四肢不温，口色青白，口津滑利，脉象沉迟。

【用法与用量】猪 10～20mL。

【不良反应】按规定剂量使用，暂未见不良反应。

【注意事项】暂无规定。

多 味 健 胃 散

【主要成分】木香、槟榔、白芍、厚朴、枳壳等。

【**性状**】本品为灰黄至棕黄色的粉末；气香，味苦、咸。

【**功能**】健胃理气，宽中除胀。

【**主治**】食欲减退，消化不良，肚腹胀满。

【**用法与用量**】猪 30～50g。

【**不良反应**】按规定剂量使用，暂未见不良反应。

【**注意事项**】暂无规定。

壮 阳 散

【**主要成分**】熟地黄、补骨脂、阳起石、淫羊藿、锁阳等。

【**性状**】本品为淡灰色的粉末；气香，味辛、甘、咸、微苦。

【**功能**】温补肾阳。

【**主治**】性欲减退，阳痿，滑精。

证见形寒肢冷，耳鼻四肢不温，腰痿，腿脚不灵，难起难卧，四肢下部浮肿，粪便稀软或泄泻，尿少，阳痿，滑精，口色淡，舌苔白，脉象沉迟无力。

【**用法与用量**】猪 50～80g。

【**不良反应**】按规定剂量使用，暂未见不良反应。

【**注意事项**】暂无规定。

阳 和 散

【**主要成分**】熟地黄、鹿角胶、白芥子、肉桂、炮姜等。

【**性状**】本品为灰色的粉末；气香，味微苦。

【**功能**】温阳散寒，和血通脉。

【**主治**】阴证疮疽。

证见患部漫肿无头，皮色不变，疼痛无热，舌苔淡白，脉沉细。

【**用法与用量**】猪 30～50g。

【**不良反应**】按规定剂量使用，暂未见不良反应。

【注意事项】阴疽久溃者不宜使用。

防 己 散

【主要成分】防己、黄芪、茯苓、肉桂、胡芦巴等。

【性状】本品为淡棕色的粉末；气香，味微苦。

【功能】补肾健脾，利尿除湿。

【主治】肾虚浮肿。

证见四肢、腹下或阴囊水肿，耳鼻四肢不温，舌质胖淡，苔白滑，脉沉细。

【用法与用量】猪 45～60g。

【不良反应】按规定剂量使用，暂未见不良反应。

【注意事项】暂无规定。

远 志 酊

【主要成分】远志。

【性状】本品为棕色的液体；气香，味甜，微苦、辛。

【功能】祛痰镇咳。

【主治】痰喘，咳嗽。

【用法与用量】猪 3～5mL。

【不良反应】按规定剂量使用，暂未见不良反应。

【注意事项】暂无规定。

苍 术 香 连 散

【主要成分】黄连、木香、苍术。

【性状】本品为棕黄色的粉末；气香，味苦。

【功能】清热燥湿。

【主治】下痢，湿热泄泻。

（1）下痢　证见精神短少，蜷腰卧地，食欲减少甚至废绝，泻粪不爽，里急后重，下痢稀糊，赤白相杂，或呈白色胶冻状，口色赤红，舌苔黄腻，脉数。

（2）湿热泄泻　证见发热，精神沉郁，食欲减少或废绝，口渴多饮，有时轻微腹痛，蜷腰卧地，泻粪稀薄，黏腻腥臭，尿赤短，口色赤红，舌苔黄腻，口臭，脉象沉数。

【用法与用量】猪 15～30g。

【不良反应】按规定剂量使用，暂未见不良反应。

【注意事项】暂无规定。

杨树花口服液

【主要成分】杨树花。

【性状】本品为红棕色的澄明液体。

【功能】化湿止痢。

【主治】痢疾，肠炎。

（1）痢疾　证见精神短少，蜷腰卧地，食欲减少甚至废绝，泻粪不爽，里急后重，下痢稀糊，赤白相杂，或呈白色胶冻状，口色赤红，舌苔黄腻，脉数。

（2）肠炎　证见发热，精神沉郁，食欲减少或废绝，口渴多饮，有时轻微腹痛，蜷腰卧地，泻粪稀薄，黏腻腥臭，尿赤短，口色赤红，舌苔黄腻，口臭，脉象沉数。

【用法与用量】猪 10～20mL。

【不良反应】按规定剂量使用，暂未见不良反应。

【注意事项】暂无规定。

辛　夷　散

【主要成分】辛夷、知母（酒制）、黄柏（酒制）、北沙参、木香等。

【性状】本品为黄色至淡棕黄色的粉末；气香，味微辛、苦、涩。

【功能】滋阴降火，疏风通窍。

【主治】脑颡鼻脓。

证见流涕，涕液稀白或呈豆腐渣样，气味恶臭，鼻部肿胀，叩之呈浊音。

【用法与用量】猪 40～60g。

【不良反应】按规定剂量使用，暂未见不良反应。

【注意事项】暂无规定。

补 中 益 气 散

【主要成分】炙黄芪、党参、白术（炒）、炙甘草、当归等。

【性状】本品为淡黄棕色的粉末；气香，味辛、甘、微苦。

【功能】补中益气，升阳举陷。

【主治】脾胃气虚，久泻，脱肛，子宫脱垂。

证见食欲减少，精神不振，吹吊毛焦，体瘦形羸，四肢无力，急行好卧，粪便稀软，完谷不化或水粪并下，口色淡白，脉沉细无力。严重者，久泻，脱肛或子宫脱垂。

【用法与用量】猪 45～60g。

【不良反应】按规定剂量使用，暂未见不良反应。

【注意事项】暂无规定。

陈 皮 酊

【主要成分】陈皮。

【性状】本品为橙黄色的液体；气香。

【功能】理气健胃。

【主治】食欲不振。

【用法与用量】猪 10～20mL。

【不良反应】按规定剂量使用，暂未见不良反应。

【注意事项】暂无规定。

板 蓝 根 片

【主要成分】板蓝根、茵陈、甘草。

【性状】本品为棕色片；味微甘、苦。

【功能】清热解毒，除湿利胆。

【主治】感冒发热，咽喉肿痛，肝胆湿热。

【用法与用量】猪 10～20 片。

【不良反应】按规定剂量使用，暂未见不良反应。

【注意事项】暂无规定。

郁 金 散

【主要成分】郁金、诃子、黄芩、大黄、黄连等。

【性状】本品为灰黄色的粉末；气清香，味苦。

【功能】清热解毒，燥湿止泻。

【主治】肠黄，湿热泻痢。

证见耳鼻、全身温热，食欲减退，粪便稀溏或有脓血，腹痛，尿液短赤，口色红，苔黄腻。

【用法与用量】猪 45～60g。

【不良反应】按规定剂量使用，暂未见不良反应。

【注意事项】暂无规定。

金 花 平 喘 散

【主要成分】洋金花、麻黄、苦杏仁、石膏、明矾。

【性状】本品为浅棕黄色的粉末；气清香，味苦、涩。

【功能】平喘，止咳。

【主治】气喘，咳嗽。

【用法与用量】猪 10～30g。

【不良反应】按规定剂量使用，暂未见不良反应。

【注意事项】暂无规定。

金 根 注 射 液

【主要成分】金银花、板蓝根。

【性状】本品为红棕色澄明液体。

【功能】清热解毒，化湿止痢。

【主治】湿热泻痢；仔猪黄痢、白痢。

【用法与用量】肌内注射：一次量，哺乳仔猪 2～4mL，断奶仔猪 5～10mL。一天 2 次，连用 3d。

【不良反应】按规定剂量使用，暂未见不良反应。

【注意事项】暂无规定。

金 锁 固 精 散

【主要成分】沙苑子（炒）、芡实（盐炒）、莲须、龙骨（煅）、煅牡蛎等。

【性状】本品为类白色的粉末；气微，味淡、微涩。

【功能】固肾涩精。

【主治】肾虚滑精。

证见滑精，早泄，腰胯四肢无力，尿频，舌淡，脉细弱。

【用法与用量】猪 40～60g。

【不良反应】按规定剂量使用，暂未见不良反应。

【注意事项】暂无规定。

肥 猪 菜

【主要成分】 白芍、前胡、陈皮、滑石、碳酸氢钠。

【性状】 本品为浅黄色的粉末；气香，味咸、涩。

【功能】 健脾开胃。

【主治】 消化不良，食欲减退。

【用法与用量】 猪 25～50g。

【不良反应】 按规定剂量使用，暂未见不良反应。

【注意事项】 暂无规定。

肥 猪 散

【主要成分】 绵马贯众、制何首乌、麦芽、黄豆（炒）。

【性状】 本品为浅黄色的粉末；气微香，味微甜。

【功能】 开胃，驱虫，催肥。

【主治】 食少，瘦弱，生长缓慢。

【用法与用量】 猪 50～100g。

【不良反应】 按规定剂量使用，暂未见不良反应。

【注意事项】 暂无规定。

鱼腥草注射液

【主要成分】 鱼腥草。

【性状】 本品为无色的澄明液体。

【功能】 清热解毒，消肿排脓，利尿通淋。

【主治】 肺痈，痢疾，乳痈，淋浊。

（1）肺痈　证见高热不退，咳喘频繁，鼻流脓涕或带血丝，舌红苔黄，脉数。

（2）痢疾　证见下痢脓血，里急后重，泻粪黏腻，时有腹痛，口色红，苔黄，脉数。

（3）乳痛 证见乳房胀痛，乳汁变性、混有凝乳块或血丝。

（4）淋浊 证见尿频、尿急、尿痛、排尿不畅、淋漓不尽，或者尿中有血或砂石。

【用法与用量】肌内注射：猪5～10mL。

【不良反应】按规定剂量使用，暂未见不良反应。

【注意事项】暂无规定。

定 喘 散

【主要成分】桑白皮、炒苦杏仁、莱菔子、葶苈子、紫苏子等。

【性状】本品为黄褐色的粉末；气微香，味甘、苦。

【功能】清肺，止咳，定喘。

【主治】肺热咳嗽，气喘。

（1）肺热咳嗽 证见耳鼻体表温热，鼻涕黏稠，呼出气热，咳声洪大，口色红，苔黄，脉数。

（2）气喘 证见咳嗽喘急，发热有汗或无汗，口干渴，舌红，苔黄，脉数。

【用法与用量】猪30～50g。

【不良反应】按规定剂量使用，暂未见不良反应。

【注意事项】暂无规定。

参 苓 白 术 散

【主要成分】党参、茯苓、白术（炒）、山药、甘草等。

【性状】本品为浅棕黄色的粉末；气微香，味甘、淡。

【功能】补脾胃，益肺气。

【主治】脾胃虚弱，肺气不足。

（1）脾胃虚弱 证见精神短少，完谷不化，久泻不止，体形羸瘦，四肢浮肿，肠鸣，小便短少，口色淡白，脉象沉细。

（2）肺气不足 证见久咳气喘，动则喘甚，鼻流清涕，畏寒喜暖，易出汗，日渐消瘦，皮燥毛焦，倦怠肯卧，口色淡白，脉象细弱。

【用法与用量】猪 45～60g。

【不良反应】按规定剂量使用，暂未见不良反应。

【注意事项】暂无规定。

荆 防 败 毒 散

【主要成分】荆芥、防风、羌活、独活、柴胡等。

【性状】本品为淡灰黄色至淡灰棕色的粉末；气微香，味甘苦、微辛。

【功能】辛温解表，疏风祛湿。

【主治】风寒感冒，流感。

证见恶寒颤抖明显，发热较轻，耳耷头低，腰弓毛乍，鼻流清涕，咳嗽，口津润滑，舌苔薄白，脉象浮紧。

【用法与用量】猪 40～80g。

【不良反应】按规定剂量使用，暂未见不良反应。

【注意事项】暂无规定。

荆 防 解 毒 散

【主要成分】金银花、连翘、生地黄、牡丹皮、赤芍等。

【性状】本品为灰褐色的粉末；气香，味苦、辛。

【功能】疏风清热，凉血解毒。

【主治】血热，风疹，遍身黄。

（1）血热风疹 证见全身瘙痒，擦柱揩桩，鬃毛或被毛焦枯散乱或脱落，或皮破生疮，患部皮肤变色，被覆痂皮，不时啃咬或舔吮患部，口色鲜红，脉象洪大。

（2）遍身黄　证见遍体瘙痒，皮肤出现大小不等的疹块。

【用法与用量】猪30～60g。

【不良反应】按规定剂量使用，暂未见不良反应。

【注意事项】暂无规定。

茵 陈 木 通 散

【主要成分】茵陈、连翘、桔梗、川木通、苍术等。

【性状】本品为暗黄色的粉末；气香，味甘、苦。

【功能】解表疏肝，清热利湿。

【主治】温热病初起。常用作春季调理剂。

证见发热，咽喉肿痛，口干喜饮，苔薄白，脉浮数。

【用法与用量】猪30～60g。

【不良反应】按规定剂量使用，暂未见不良反应。

【注意事项】暂无规定。

茵 陈 蒿

【主要成分】茵陈、栀子、大黄。

【性状】本品为浅棕黄色的粉末；气微香，味微苦。

【功能】清热，利湿，退黄。

【主治】湿热黄疸。

可视黏膜黄色鲜明，发热烦渴，尿短少黄赤，粪便燥结，舌苔黄腻，脉象弦数。

【用法与用量】猪30～45g。

【不良反应】按规定剂量使用，暂未见不良反应。

【注意事项】暂无规定。

茴 香 散

【主要成分】小茴香、肉桂、槟榔、白术、木通等。

【性状】本品为棕黄色的粉末；气香，味微咸。

【功能】暖腰肾，祛风湿。

【主治】寒伤腰胯。

证见腰脊板硬，前行后拽，胯軃腰拖。

【用法与用量】猪 30～60g。

【不良反应】按规定剂量使用，暂未见不良反应。

【注意事项】妊娠猪慎用。

厚 朴 散

【主要成分】厚朴、陈皮、麦芽、五味子、肉桂等。

【性状】本品为深灰黄色的粉末；气香，味辛、微苦。

【功能】行气消食，温中散寒。

【主治】脾虚气滞，胃寒少食。

（1）脾虚气滞　证见倦怠乏力，毛焦欦吊，肚腹虚胀，完谷不化，口色淡白，脉象迟细。

（2）胃寒少食　证见精神倦怠，食欲减少，耳鼻寒冷，口色青白，口津滑利，脉象沉迟。

【用法与用量】猪 30～60g。

【不良反应】按规定剂量使用，暂未见不良反应。

【注意事项】暂无规定。

胃 肠 活

【主要成分】黄芩、陈皮、青皮、大黄、白术等。

【性状】本品为灰褐色的粉末；气清香，味咸、涩、微苦。

【功能】理气，消食，清热，通便。

【主治】消化不良，食欲减少，便秘。

【用法与用量】猪 20～50g。

【不良反应】按规定剂量使用，暂未见不良反应。

【注意事项】暂无规定。

钩 吻 末

【主要成分】钩吻。

【性状】本品为棕褐色的粉末；气微，味辛、苦。

【功能】健胃，杀虫。

【主治】消化不良，虫积。

证见消瘦，被毛粗乱，食欲减退，大便干燥或泄泻，精神不安，有时磨牙，时有腹痛。

【用法与用量】猪 10～30g。

【不良反应】按规定剂量使用，暂未见不良反应。

【注意事项】有大毒（对猪毒性较小）。妊娠猪慎用。

香 薷 散

【主要成分】香薷、黄芩、黄连、甘草、柴胡等。

【性状】本品为黄色的粉末；气香，味苦。

【功能】清热解暑。

【主治】伤暑，中暑。

（1）伤暑　证见身热汗出，呼吸气促，精神倦怠，耳耷头低，四肢无力，呆立如痴，食少纳呆，口干喜饮，口色鲜红，脉象洪大。

（2）中暑　突然发病。证见身热喘促，全身肉颤，汗出如浆，烦躁不安，行走如醉，甚至神昏倒地，痉挛抽搐，口色赤紫，脉象洪数或细数无力。

【用法与用量】猪 30～60g。

【不良反应】按规定剂量使用，暂未见不良反应。

【注意事项】暂无规定。

复 方 大 黄 酊

【主要成分】大黄、陈皮、草豆蔻。

【性状】本品为黄棕色的液体；气香，味苦、微涩。

【功能】健脾消食，理气开胃。

【主治】慢草不食，食滞不化。

（1）慢草不食　证见精神倦怠，食欲减退，肚腹胀满等。

（2）食滞不化　证见不食，肚腹胀满，粪干，常有腹痛表现。

【用法与用量】猪 5～20mL。

【不良反应】按规定剂量使用，暂未见不良反应。

【注意事项】暂无规定。

复方龙胆酊（苦味酊）

【主要成分】龙胆、陈皮、草豆蔻。

【性状】本品为黄棕色的液体；气香，味苦。

【功能】健脾开胃。

【主治】脾不健运，食欲不振，消化不良。

证见精神倦怠，食欲减退，消瘦或肚腹虚胀。

【用法与用量】猪 5～20mL。

【不良反应】按规定剂量使用，暂未见不良反应。

【注意事项】暂无规定。

复 方 豆 蔻 酊

【主要成分】草豆蔻、小茴香、桂皮。

【性状】本品为黄棕色或红棕色的液体；气香，味微辛。

【功能】温中健脾，行气止呕。

【主治】寒湿困脾，翻胃少食，脾胃虚寒，食积腹胀，伤水冷痛。

（1）寒湿困脾　证见耳耷头低，四肢沉重喜卧，粪便稀薄，尿不利，或见浮肿，口黏不渴，舌苔白腻，脉象迟缓而濡。

（2）脾胃虚寒　证见形寒肢冷，耳鼻发凉，食欲减退，倦怠肯卧，粪软尿清，口色淡，脉弱。

（3）食积腹胀　证见精神不振，食欲大减或废绝，耳、鼻、四肢及体表温热，体温稍高，胃蠕动微弱，肚腹微胀，尿短赤，间有粪便燥结，口色红，舌苔灰白或黄，脉象洪数。

（4）伤水冷痛　证见腹痛剧烈，时起时卧，频频摇尾，前蹄刨地，回头望腹，鼻寒耳凉，肠鸣如雷，时有作泻，口色青紫，脉象沉迟。

【用法与用量】猪 10～20mL。

【不良反应】按规定剂量使用，暂未见不良反应。

【注意事项】暂无规定。

保 胎 无 忧 散

【主要成分】当归、川芎、熟地黄、白芍、黄芪等。

【性状】本品为淡黄色的粉末；气香，味甘、微苦。

【功能】养血，补气，安胎。

【主治】胎动不安。

证见站立不安，回头顾腹，弓腰努责，频频排出少量尿液，阴道流出带血水浊液，间有起卧，胎动增加。

【用法与用量】猪 30～60g。

【不良反应】按规定剂量使用，暂未见不良反应。

【注意事项】暂无规定。

保 健 锭

【主要成分】樟脑、薄荷脑、大黄、陈皮、龙胆等。

【性状】本品为黄褐色扁圆形的块体；有特殊芳香气，味辛、苦。

【功能】健脾开胃，通窍醒神。

【主治】消化不良，食欲不振。

【用法与用量】猪 4~12g。

【不良反应】按规定剂量使用，暂未见不良反应。

【注意事项】暂无规定。

姜 酊

【主要成分】姜流浸膏。

【性状】本品为淡黄色的液体；气香，味辣。

【功能】温中散寒，健脾和胃。

【主治】脾胃虚寒，食欲不振，冷痛。

（1）脾胃虚寒　证见肚腹胀满，泄泻，形寒肢冷，耳鼻四肢不温，口腔滑利，脉象沉迟。

（2）冷痛　发病急骤。证见剧烈腹痛，时起时卧，频频摆尾，前蹄刨地，呈间歇性腹痛，肠鸣如雷，泻粪如水，鼻寒耳冷，塞唇似笑，口色青黄，口津滑利，脉象沉迟。

【用法与用量】猪 15~30mL。

【不良反应】按规定剂量使用，暂未见不良反应。

【注意事项】暂无规定。

洗 心 散

【主要成分】天花粉、木通、黄芩、黄连、连翘等。

【性状】本品为棕黄色的粉末；气微香，味苦。

【功能】清心，泻火，解毒。

【主治】心经积热，口舌生疮。

证见精神短少，咀嚼缓慢，舌体肿胀或有烂斑，重者口舌破溃成疮，咽喉肿痛，口流黏涎，大便干燥，小便短赤，口臭难闻，脉象洪大，口色鲜红或赤红。

【用法与用量】猪 40～60g。

【不良反应】按规定剂量使用，暂未见不良反应。

【注意事项】暂无规定。

泰 山 盘 石 散

【主要成分】党参、黄芪、当归、续断、黄芩等。

【性状】本品为淡棕色的粉末；气微香，味甘。

【功能】补气血，安胎。

【主治】气血两虚所致胎动不安，习惯性流产。

证见站立不安，回头顾腹，弓腰努责，频频排出少量尿液，阴道流出带血水浊液，间有起卧，胎动增加。

【用法与用量】猪 60～90g。

【不良反应】按规定剂量使用，暂未见不良反应。

【注意事项】暂无规定。

秦 艽 散

【主要成分】秦艽、黄芩、瞿麦、当归、红花等。

【性状】本品为灰黄色的粉末；气香，味苦。

【功能】清热利尿，祛瘀止血。

【主治】膀胱积热，努伤尿血。

证见头低耳耷，排尿疼痛，尿中带血或凝血块。

【用法与用量】猪 30～60g。

【不良反应】按规定剂量使用，暂未见不良反应。

【注意事项】暂无规定。

桂 心 散

【主要成分】肉桂、青皮、白术、厚朴、益智等。

【性状】本品为褐色的粉末；气香，味辛、甘。

【功能】温中散寒，理气止痛。

【主治】胃寒食少，胃冷吐涎，冷痛。

（1）胃寒食少　证见精神不振，喜卧懒动，鼻寒耳冷，被毛粗乱，食欲减少，口流清涎，舌津滑利，口色淡白或青白，舌苔薄白或白腻，脉象沉迟或沉细。

（2）胃冷吐涎　证见精神沉郁，食欲不振，口流寒涎，鼻寒耳冷，重者浑身发颤，欬吊毛焦，口色青黄，脉沉细。

（3）冷痛　发病急骤。证见腹痛剧烈，阵阵起卧，前蹄刨地，排粪稀软或带水，肠鸣如雷，鼻寒耳冷，口色青白，口津滑利，脉象沉迟。

【用法与用量】猪 45～60g。

【不良反应】按规定剂量使用，暂未见不良反应。

【注意事项】暂无规定。

破 伤 风 散

【主要成分】甘草、蝉蜕、钩藤、川芎、荆芥等。

【性状】本品为黄褐色的粉末；气香，味甜、微苦。

【功能】祛风止痉。

【主治】破伤风。

【用法与用量】猪 150～300g。

【不良反应】按规定剂量使用，暂未见不良反应。

【注意事项】暂无规定。

柴 胡 注 射 液

【主要成分】北柴胡。

【性状】本品为无色或微乳白色的澄明液体；气芳香。

【功能】解热。

【主治】感冒发热。

【用法与用量】肌内注射：猪 5～10mL。

【不良反应】按规定剂量使用，暂未见不良反应。

【注意事项】暂无规定。

柴 葛 解 肌 散

【主要成分】柴胡、葛根、甘草、黄芩、羌活等。

【性状】本品为灰黄色的粉末；气微香，味辛、甘。

【功能】解肌清热。

【主治】感冒发热。

证见恶寒发热，皮紧腰硬，精神不振，食欲减退，口色青白或微红，脉象浮紧或浮数。

【用法与用量】猪 30～60g。

【不良反应】按规定剂量使用，暂未见不良反应。

【注意事项】暂无规定。

健 胃 散

【主要成分】山楂、麦芽、六神曲、槟榔。

【性状】本品为淡棕黄色至淡棕色的粉末；气微香，味微苦。

【功能】消食下气，开胃宽肠。

【主治】伤食积滞，消化不良。

证见精神倦怠，食欲减少或废绝，肚腹胀满，粪便粗糙或稀软，完谷不化，口气酸臭，口色偏红，舌苔厚腻，脉象洪大有力。

【用法与用量】 猪 30～60g。

【不良反应】 按规定剂量使用，暂未见不良反应。

【注意事项】 暂无规定。

健 猪 散

【主要成分】 大黄、玄明粉、苦参、陈皮。

【性状】 本品为棕黄色至黄棕色的粉末；味苦、咸。

【功能】 消食导滞，通便。

【主治】 消化不良，粪干便秘。

【用法与用量】 猪 15～30g。

【不良反应】 按规定剂量使用，暂未见不良反应。

【注意事项】 暂无规定。

健 脾 散

【主要成分】 当归、白术、青皮、陈皮、厚朴等。

【性状】 本品为浅棕色的粉末；气香，味辛。

【功能】 温中健脾，利水止泻。

【主治】 胃寒食少，冷肠泄泻。

（1）胃寒食少 证见形寒怕冷、耳鼻发凉，食欲减退，口腔湿滑或口流清涎，粪软尿清，口色淡白或青白，苔薄白而滑，脉象沉迟。

（2）冷肠泄泻 证见发病较急，饮多食少，精神倦怠，耳聋头低，肠鸣如雷，泻粪如水，或水粪齐下，耳鼻俱凉，口色淡白，脉象沉迟。

【用法与用量】 猪 45～60g。

【不良反应】 按规定剂量使用，暂未见不良反应。

【注意事项】暂无规定。

益 母 生 化 散

【主要成分】益母草、当归、川芎、桃仁、炮姜等。

【性状】本品为黄绿色的粉末；气清香，味甘、微苦。

【功能】活血祛瘀，温经止痛。

【主治】产后恶露不行，血瘀腹痛。

（1）恶露不行　证见精神不振，食欲减退，毛焦肷吊，体温偏高，口黏膜潮红，眼结膜发绀，不安，弓腰努责，排出腥臭带脓液并夹杂条状或块状腐肉。

（2）血瘀腹痛　证见肚腹疼痛，蹲腰踏地，回头顾腹，不时起卧，食欲减少；有时从阴道流出带紫黑色血块的恶露；口色发青，脉象沉紧或沉涩。若兼气血虚，又见神疲力乏，舌质淡红，脉虚无力。

【用法与用量】猪 30~60g。

【不良反应】按规定剂量使用，暂未见不良反应。

【注意事项】妊娠猪慎用。

消 食 平 胃 散

【主要成分】槟榔、山楂、苍术、陈皮、厚朴等。

【性状】本品为浅黄色至棕色的粉末；气香，味微甜。

【功能】消食开胃。

【主治】寒湿困脾，胃肠积滞。

（1）寒湿困脾　证见食少腹胀，倦怠懒动，不欲饮水，泄泻，排尿不利，舌苔白滑，脉象迟缓。

（2）胃肠积滞　证见食欲不振，胃内积食不化或宿食停滞。

【用法与用量】猪 30~60g。

【不良反应】按规定剂量使用，暂未见不良反应。

【注意事项】脾胃素虚，或积滞日久，正气已伤者慎用。

消 积 散

【主要成分】炒山楂、麦芽、六神曲、炒莱菔子、大黄等。

【性状】本品为黄棕色至红棕色的粉末；气香，味微酸、涩。

【功能】消积导滞，下气消胀。

【主治】伤食积滞。

证见精神倦怠，厌食，肚腹胀满，粪便粗糙或稀软，有时完谷不化，口气酸臭。

【用法与用量】猪 60g～90g。

【不良反应】按规定剂量使用，暂未见不良反应。

【注意事项】脾胃素虚，或积滞日久，正气已伤者慎用。

消 黄 散

【主要成分】知母、浙贝母、黄芩、甘草、黄药子等。

【性状】本品为黄色的粉末；气微香，味咸、苦。

【功能】清热解毒，散瘀消肿。

【主治】三焦热盛，热毒，黄肿。

（1）三焦热盛 证见体温升高，血热发斑，狂躁不安，或疮黄疗毒，舌红口干，苔黄，脉数有力等。

（2）热毒 证见高热寒战，口渴，躁动不安，舌红，脉数，继而局部红肿热痛，甚至糜烂破溃等。

（3）黄肿 初期患部肿硬，继而面积扩大变软，刺之流出黄水。

【用法与用量】猪 30～60g。

【不良反应】按规定剂量使用，暂未见不良反应。

【注意事项】暂无规定。

通 关 散

【主要成分】猪牙皂、细辛。

【性状】本品为浅黄色的粉末；气香窜，味辛。

【功能】通关开窍。

【主治】中暑，昏迷，冷痛。

（1）中暑 突然发病。证见身热喘促，全身肉颤，汗出如浆，烦躁不安，行走如醉，甚至神昏倒地，痉挛抽搐，口色赤紫，脉象洪数或细数无力。

（2）冷痛 证见间歇性腹痛，起卧不安，频频摆尾，前蹄刨地，肠鸣如雷，泻粪如水，鼻塞耳冷，塞唇似笑，口色青黄，口津滑利，脉象沉迟；病情严重者，腹痛剧烈，急起急卧，打滚翻转。

【用法与用量】外用少许，吹入鼻孔取嚏。

【不良反应】按规定剂量使用，暂未见不良反应。

【注意事项】妊娠猪忌用。

通 肠 散

【主要成分】大黄、枳实、厚朴、槟榔、玄明粉。

【性状】本品为黄色至黄棕色的粉末；气香，味微咸、苦。

【功能】通肠泻热。

【主治】便秘，结症。

证见食欲大减或废绝，精神不安，腹痛起卧，回头顾腹，后肢踢腹，排粪减少或粪便不通，粪球干小，肠音不整或废绝，口内干燥，舌苔黄厚，脉象沉实。

【用法与用量】猪 30～60g。

【不良反应】按规定剂量使用，暂未见不良反应。

【注意事项】妊娠猪慎用。

通 乳 散

【主要成分】当归、王不留行、黄芪、路路通、红花等。

【性状】本品为红棕色至棕色的粉末；气微香，味微苦。

【功能】通经下乳。

【主治】产后乳少，乳汁不下。

【用法与用量】猪 60～90g。

【不良反应】按规定剂量使用，暂未见不良反应。

【注意事项】暂无规定。

桑 菊 散

【主要成分】桑叶、菊花、连翘、薄荷、苦杏仁等。

【性状】本品为黄棕色至棕褐色的粉末；气微香，味微甜。

【功能】疏风清热，宣肺止咳。

【主治】外感风热。

证见精神不振，食欲减退，咳嗽，口渴喜饮，舌尖红，脉象浮数。

【用法与用量】猪 30～60g。

【不良反应】按规定剂量使用，暂未见不良反应。

【注意事项】暂无规定。

理 中 散

【主要成分】党参、干姜、甘草、白术。

【性状】本品为淡黄色至黄色的粉末；气香，味辛、微甜。

【功能】温中散寒，补气健脾。

【主治】脾胃虚寒，食少，泄泻，腹痛。

证见畏寒肢冷，肠鸣腹泻，完谷不化，时有腹痛，舌苔淡白，脉象沉迟。

【用法与用量】猪 30～60g。

【不良反应】按规定剂量使用，暂未见不良反应。

【注意事项】暂无规定。

理 肺 止 咳 散

【主要成分】百合、麦冬、清半夏、紫菀、甘草等。

【性状】本品为浅黄色至黄色的粉末；气微香，味甘。

【功能】润肺化痰，止咳。

【主治】劳伤久咳，阴虚咳嗽。

（1）劳伤久咳　证见食欲减退，精神倦怠，毛焦㲉吊，日渐消瘦，久咳不已，咳声低微，动则咳甚并有汗出，鼻流黏涕，口色淡白，舌质绵软，脉象迟细。

（2）阴虚咳嗽　证见频频干咳，久咳不止，昼轻夜重，痰少津干，干咳无痰或鼻有少量黏稠鼻涕，低热不退，或午后发热，盗汗，舌红少苔，脉象细数。

【用法与用量】猪 40～60g。

【不良反应】按规定剂量使用，暂未见不良反应。

【注意事项】暂无规定。

黄 连 解 毒 散

【主要成分】黄连、黄芩、黄柏、栀子。

【性状】本品为黄褐色的粉末；味苦。

【功能】泻火解毒。

【主治】三焦实热，疮黄肿毒。

证见体温升高，血热发斑，狂躁不安，或疮黄疔毒，舌红口干，苔黄，脉数有力等。

【用法与用量】猪 30～50g。

【不良反应】按规定剂量使用，暂未见不良反应。

【注意事项】暂无规定。

银黄提取物口服液

【主要成分】金银花提取物、黄芩提取物。

【性状】本品为棕黄色至棕红色的澄清液体。

【功能】清热疏风，利咽解毒。

【主治】风热犯肺，发热咳嗽。

【用法与用量】每1L水，猪1mL。连用3d。

【不良反应】按规定剂量使用，暂未见不良反应。

【注意事项】暂无规定。

银黄提取物注射液

【主要成分】金银花提取物、黄芩提取物。

【性状】本品为棕黄色至棕红色的澄明液体。

【功能】清热疏风，利咽解毒。

【主治】风热犯肺，发热咳嗽。

【用法与用量】肌内注射：每1kg体重，猪0.1mL。连用3d。

【不良反应】按规定剂量使用，暂未见不良反应。

【注意事项】暂无规定。

银 翘 散

【主要成分】金银花、连翘、薄荷、荆芥、淡豆豉等。

【性状】本品为棕褐色粉末；气香，味微甘、苦、辛。

【功能】辛凉解表，清热解毒。

【主治】风热感冒，咽喉肿痛，疮痈初起。

(1) 风热感冒　证见发热重，恶寒轻，咳嗽，咽喉肿痛，口干微红，舌苔薄黄，脉象浮数。

（2）疮痈初起　证见局部红肿热痛明显，兼见发热，口干微红，舌苔薄黄，脉象浮数。

【用法与用量】猪 50～80g。

【不良反应】按规定剂量使用，暂未见不良反应。

【注意事项】暂无规定。

猪　健　散

【主要成分】龙胆草、苍术、柴胡、干姜、碳酸氢钠。

【性状】本品为浅棕黄色的粉末；气香，味咸、苦。

【功能】消食健胃。

【主治】消化不良。

【用法与用量】猪 10～20g。

【不良反应】按规定剂量使用，暂未见不良反应。

【注意事项】暂无规定。

麻　杏　石　甘　散

【主要成分】麻黄、苦杏仁、石膏、甘草。

【性状】本品为淡黄色的粉末；气微香，味辛、苦、涩。

【功能】清热，宣肺，平喘。

【主治】肺热咳喘。

证见发热有汗或无汗，烦躁不安，咳嗽气粗，口渴尿少，舌红，苔薄白或黄，脉象浮滑而数。

【用法与用量】猪 30～60g。

【不良反应】按规定剂量使用，暂未见不良反应。

【注意事项】暂无规定。

清 肺 止 咳 散

【主要成分】 桑白皮、知母、苦杏仁、前胡、金银花等。

【性状】 本品为黄褐色粉末；气微香，味苦、甘。

【功能】 清泻肺热，化痰止痛。

【主治】 肺热咳喘，咽喉肿痛。

证见咳声洪亮，气促喘粗，鼻翼扇动，鼻涕黄而黏稠，咽喉肿痛，粪便干燥，尿短赤，口渴贪饮，口色赤红，舌苔黄燥，脉象洪数。

【用法与用量】 猪 30～50g。

【不良反应】 按规定剂量使用，暂未见不良反应。

【注意事项】 暂无规定。

清 肺 散

【主要成分】 板蓝根、葶苈子、浙贝母、桔梗、甘草。

【性状】 本品为浅棕黄色的粉末；气清香，味微甘。

【功能】 清肺平喘，化痰止咳。

【主治】 肺热咳喘，咽喉肿痛。

证见咳声洪亮，气促喘粗，鼻翼扇动，鼻涕黄而黏稠，咽喉肿痛，粪便干燥，尿短赤，口渴贪饮，口色赤红，舌苔黄燥，脉象洪数。

【用法与用量】 猪 30～50g。

【不良反应】 按规定剂量使用，暂未见不良反应。

【注意事项】 暂无规定。

清 肺 颗 粒

【主要成分】 板蓝根、葶苈子、浙贝母、桔梗、甘草。

【性状】本品为黄色至黄棕色颗粒；气香，微苦。

【功能】清肺平喘，化痰止咳。

【主治】肺热咳嗽，咽喉肿痛。

【用法与用量】一次量，猪 20～40g。一天 2 次，连用 3～5d。

【不良反应】按规定剂量使用，暂未见不良反应。

【注意事项】暂无规定。

清 胃 散

【主要成分】石膏、大黄、知母、黄芩、陈皮等。

【性状】本品为浅黄色的粉末；气微香，味咸、微苦。

【功能】清热泻火，理气开胃。

【主治】胃热食少，粪干。

证见耳鼻温热，精神不振，口干舌燥，或口腔腐臭，齿龈肿痛，口渴贪饮，粪球干小，色黑而硬，小便短赤；口色鲜红，舌有黄苔，脉象洪数。

【用法与用量】猪 50～80g。

【不良反应】按规定剂量使用，暂未见不良反应。

【注意事项】气虚发热者禁用。

清 热 散

【主要成分】大青叶、板蓝根、石膏、大黄、玄明粉。

【性状】本品为黄色的粉末；味苦、微涩。

【功能】清热解毒，泻火通便。

【主治】发热，粪干。

【用法与用量】猪 30～60g。

【不良反应】按规定剂量使用，暂未见不良反应。

【注意事项】脾胃虚弱者慎用。

清 暑 散

【主要成分】香薷、白扁豆、麦冬、薄荷、木通等。

【性状】本品为黄棕色的粉末；气香窜，味辛、甘、微苦。

【功能】清热祛暑。

【主治】伤暑，中暑。

（1）伤暑 证见身热汗出，呼吸气促，精神倦怠，耳耷头低，四肢无力，呆立如痴，食少纳呆，口干喜饮，口色鲜红，脉象洪大。

（2）中暑 突然发病。证见身热喘促，全身肉颤，汗出如浆，烦躁不安，行走如醉，甚至神昏倒地，痉挛抽搐，口色赤紫，脉象洪数或细数无力。

【用法与用量】猪 50～80g。

【不良反应】按规定剂量使用，暂未见不良反应。

【注意事项】暂无规定。

清 瘟 败 毒 散

【主要成分】石膏、地黄、水牛角、黄连、栀子等。

【性状】本品为灰黄色的粉末；气微香，味苦、微甜。

【功能】泻火解毒，凉血。

【主治】热毒发斑，高热神昏。

证见大热躁动，口渴，昏狂，发斑，舌绛，脉数。

【用法与用量】猪 50～100g。

【不良反应】按规定剂量使用，暂未见不良反应。

【注意事项】暂无规定。

普 济 消 毒 散

【主要成分】大黄、黄芩、黄连、甘草、马勃等。

【性状】本品为灰黄色的粉末；气香，味苦。

【功能】清热解毒，疏风消肿。

【主治】热毒上冲，头面、腮颊肿痛，疮黄疔毒。

【用法与用量】猪 40～80g。

【不良反应】按规定剂量使用，暂未见不良反应。

【注意事项】暂无规定。

滑 石 散

【主要成分】滑石、泽泻、灯心草、茵陈、知母（酒制）等。

【性状】本品为淡黄色的粉末；气香，味淡、微苦。

【功能】清热利湿，通淋。

【主治】膀胱热结，排尿不利。

证见精神倦怠，食欲减退，排尿痛苦，尿少频数，淋漓不畅，尿色黄赤，或有脓血、砂石，口色红，苔黄腻，脉数。

【用法与用量】猪 40～60g。

【不良反应】按规定剂量使用，暂未见不良反应。

【注意事项】暂无规定。

强 壮 散

【主要成分】党参、六神曲、麦芽、炒山楂、黄芪等。

【性状】本品为浅灰黄色的粉末；气香，味微甘、微苦。

【功能】益气健脾，消积化食。

【主治】食欲不振，体瘦毛焦，生长迟缓。

【用法与用量】猪 30～50g。

【不良反应】按规定剂量使用，暂未见不良反应。

【注意事项】暂无规定。

槐 花 散

【主要成分】炒槐花、侧柏叶（炒）、荆芥炭、枳壳（炒）。

【性状】本品为黑棕色的粉末；气香，味苦、涩。

【功能】清肠止血，疏风行气。

【主治】肠风下血。

证见精神沉郁，食欲减少或停止，耳鼻俱热，口渴喜饮；病初粪便干硬，附有血丝或黏液，继而粪便稀薄带血，血色鲜红，小便短赤；口色鲜红，苔黄腻，脉象滑数。

【用法与用量】猪 30～50g。

【不良反应】按规定剂量使用，暂未见不良反应。

【注意事项】暂无规定。

催 奶 灵 散

【主要成分】王不留行、黄芪、皂角刺、当归、党参等。

【性状】本品为灰黄色的粉末；气香，味甘。

【功能】补气养血，通经下乳。

【主治】产后乳少，乳汁不下。

【用法与用量】猪 40～60g。

【不良反应】按规定剂量使用，暂未见不良反应。

【注意事项】暂无规定。

催 情 散

【主要成分】淫羊藿、阳起石（酒淬）、当归、香附、益母草等。

【性状】本品为淡灰色的粉末；气香，味微苦、微辛。

【功能】催情。

【主治】不发情。

【用法与用量】猪 30～60g。

【不良反应】按规定剂量使用，暂未见不良反应。

【注意事项】暂无规定。

颠 茄 酊

【主要成分】颠茄草。

【性状】本品为棕红色或棕绿色的液体；气微臭。

【功能】解痉止痛。

【主治】冷痛。

证见鼻寒耳冷，口唇发凉，甚或肌肉寒战；阵发性腹痛，起卧不安，或刨地踢腹，回头观腹，或卧地滚转；肠鸣如雷，连绵不断，粪便稀软带水。少数病例在腹痛间歇期肠音减弱。饮食欲废绝，口内湿滑或流清涎，口温较低，口色青白，脉象沉迟。

【用法与用量】猪 2～5mL。

【不良反应】按规定剂量使用，暂未见不良反应。

【注意事项】暂无规定。

藿 香 正 气 散

【主要成分】广藿香、紫苏叶、茯苓、白芷、大腹皮等。

【性状】本品为灰黄色的粉末；气香，味甘、微苦。

【功能】解表化湿，理气和中。

【主治】外感风寒，内伤食滞，泄泻腹胀。

（1）外感风寒　证见恶寒发热，皮紧腰硬，精神不振，食欲减退，口色青白或微红，脉象浮紧或浮数。

（2）内伤食滞　证见精神倦怠，食欲减退或废绝，肚腹胀满，常伴有轻微腹痛；粪便粗糙或稀软，有酸臭气味，有时带有未完全消化的食物；口内酸臭，口腔黏滑，舌苔厚腻，口色红，脉象数或滑数。

（3）泄泻腹胀　证见精神倦怠，泄泻似水或稀薄，小便不利，耳鼻俱凉，食欲减少，口色青白，脉象沉迟。

【用法与用量】猪 60～90g。

【不良反应】按规定剂量使用，暂未见不良反应。

【注意事项】暂无规定。

第七节　生殖调控用药

丙　酸　睾　酮

丙酸睾酮可促进雄性生殖器官及副性征的发育、成熟；引起性欲及性兴奋；还能对抗雌激素的作用，抑制母猪发情。睾酮还具有同化作用，可促进蛋白质合成，引起氮、钠、钾、磷的潴留，减少钙的排泄。通过兴奋红细胞生成刺激因子，刺激红细胞生成。大剂量睾酮通过负反馈机制，抑制黄体生成素，进而抑制精子生成。

丙酸睾酮注射液

【作用与用途】性激素类药物。用于雄激素缺乏症的辅助治疗。

【用法与用量】以丙酸睾酮计。肌内、皮下注射：一次量，每1kg 体重，种猪 0.25～0.5mg。

【不良反应】注射部位可出现硬结、疼痛、感染及荨麻疹。

【注意事项】（1）具有水钠潴留作用，肾、心或肝功能不全猪慎用。

（2）仅用于种猪。

【休药期】无需制定。

雌　二　醇

雌二醇能促进母猪雌性器官和副性征的正常生长和发育。引起子宫颈黏膜细胞增大和分泌增加，阴道黏膜增厚，促进子宫内膜增生和增加子宫平滑肌张力。雌二醇对骨骼系统也有影响，能增加骨骼钙盐沉积，加速骨骺闭合和骨的形成，并有适度促进蛋白质合成，以及增加水、钠潴留的作用。此外，雌二醇还能负反馈调节来自腺垂体前叶的促性腺激素的释放，从而抑制泌乳、排卵以及雄性激素的分泌。

苯甲酸雌二醇注射液

【作用与用途】 性激素类药。用于发情不明显动物的催情及胎衣滞留、死胎的排出。

【用法与用量】 以雌二醇计。肌内注射：一次量，3～10mg。

【不良反应】 可引起囊性子宫内膜增生和子宫蓄脓。

【注意事项】 (1) 妊娠早期猪禁用，以免引起流产或胎儿畸形。

(2) 可以作治疗用，但不得在动物性食品中检出。

【休药期】 28d。

黄 体 酮

在雌激素作用基础上，黄体酮可促进子宫内膜及腺体发育，抑制子宫肌收缩，减弱子宫肌对催产素的反应，起"安胎"作用；通过反馈机制抑制垂体前叶促黄体素的分泌，抑制发情和排卵。另外，与雌激素共同作用，刺激乳腺腺泡发育，为泌乳作准备。

黄体酮注射液

【作用与用途】 性激素类药。用于预防流产。

【用法与用量】 以黄体酮计。肌内注射：一次量，15～25mg。

【不良反应】 按规定的用法用量使用尚未见不良反应。

【注意事项】 长期应用可能延长妊娠期。

【休药期】 30d。

绒 促 性 素

本品具有促卵泡素（FSH）和促黄体素（LH）样作用。对母猪可促进黄体生成黄体激素并能促进排卵。对未成熟卵泡无作用。对公猪可促进睾丸间质细胞分化和雄激素分泌，促使性器官、副性征的发育、成熟，对解剖学上无异常的动物，绒促性素还可使隐睾猪的睾丸下降。

注射用绒促性素

【作用与用途】性激素类药。用于性功能障碍、习惯性流产及卵巢囊肿等。

【用法与用量】以绒促性素计。肌内注射：一次量，500～1 000U。一周2～3次。

【不良反应】按规定的用法用量使用尚未见不良反应。

【注意事项】（1）不宜长期应用，以免产生抗体和抑制垂体促性腺功能。

（2）本品溶液极不稳定，且不耐热，应在短时间内用完。

【休药期】无需制定。

马来酸麦角新碱

马来酸麦角新碱能选择性地作用于子宫平滑肌，作用强而持久。临产前子宫或分娩后子宫最敏感。麦角新碱对子宫体和子宫颈都具兴奋效应，稍大剂量即引起强直收缩，故不适于催产和引产。但由于子宫肌强直性收缩，机械压迫肌纤维中的血管，可阻止出血。

药物相互作用 与缩宫素或其他麦角制剂有协同作用。

马来酸麦角新碱注射液

【作用与用途】子宫收缩药。临床上主要用于产后止血、加速胎衣排出及子宫复原。

【用法与用量】以马来酸麦角新碱计。肌内、静脉注射：一次量，0.5～1mg。

【不良反应】按规定的用法用量使用尚未见不良反应。

【注意事项】（1）胎儿未娩出前禁用。

（2）不宜与缩宫素及其他子宫收缩药联用。

【休药期】无需制定。

缩 宫 素

能选择性兴奋子宫，加强子宫平滑肌的收缩。其兴奋子宫平滑肌作用因剂量大小、体内激素水平而不同。小剂量能增加妊娠末期子宫肌的节律性收缩，收缩舒张均匀；大剂量则能引起子宫平滑肌强直性收缩，使子宫肌层内的血管受压迫而起止血作用。此外，缩宫素能促进乳腺腺泡和腺导管周围的肌上皮细胞收缩，促进排乳。

缩宫素注射液

【作用与用途】子宫收缩药。用于催产、产后子宫止血和胎衣不下等。

【用法与用量】以缩宫素计。皮下、肌内注射：一次量，猪10～50U。

【不良反应】按规定的用法用量使用尚未见不良反应。

【注意事项】子宫颈尚未开放、骨盆过狭以及产道阻碍时禁用于催产。

【休药期】无需制定。

甲基前列腺素 $F_{2\alpha}$

甲基前列腺素 $F_{2\alpha}$ 属于前列腺素类药物，具有溶解黄体，增强子宫平滑肌张力和收缩力等作用。

甲基前列腺素 $F_{2\alpha}$ 注射液

【作用与用途】前列腺素类药。用于同期发情、同期分娩；也用于治疗持久性黄体、诱导分娩和催排死胎等。

【用法与用量】以甲基前列腺素 $F_{2\alpha}$ 计。肌内注射或宫颈内注入：一次量，猪每 1kg 体重 1～2mg。

【不良反应】大剂量应用可产生腹泻、阵痛等不良反应。

【注意事项】（1）妊娠母猪忌用，以免引起流产。

（2）治疗持久黄体时，用药前应仔细进行直肠检查，以便针对性治疗。

【休药期】1d。

氯 前 列 醇

氯前列醇属于激素类药物，具有强大的溶解黄体作用，能迅速引起黄体消退，并抑制其分泌；对子宫平滑肌也具有直接兴奋作用，可引起子宫平滑肌收缩，子宫颈松弛。对性周期正常的动物，治疗后通常在 2～5d 内发情。

氯前列醇注射液

【作用与用途】激素类药。有溶解黄体作用，用于控制怀孕母猪诱导分娩。

【用法与用量】以氯前列醇计。肌内注射：猪 0.15mg。

【不良反应】在妊娠 5 个月后应用本品，猪出现难产的风险将增加，且药效下降。

【注意事项】（1）不需要流产的妊娠猪禁用。

（2）因药物可诱导流产及急性支气管痉挛，因此，妊娠妇女和患有哮喘及其他呼吸道疾病的人员操作时应特别小心，不应接触药物。

（3）氯前列醇易通过皮肤吸收，不慎接触后应立即用肥皂和水进行清洗。

（4）不能与非甾体类抗炎药同时应用。

【休药期】1d。

第八节　微生态制剂

脆弱拟杆菌、粪链球菌、蜡样芽孢杆菌复合菌制剂

本品系用脆弱拟杆菌、粪链球菌和蜡样芽孢杆菌接种适宜培养基培养，收获培养物，加适宜赋形剂，经减压抽滤干燥后制成混合菌粉。对沙门氏菌及大肠杆菌引起的细菌性下痢，如仔猪白痢、黄痢等均有疗效，并有调整肠道菌群失调，提高机体免疫力，促进生长作用。

【性状】白色或黄色干燥粗粉，外观完整光滑、色泽均匀。

【作用与用途】对沙门氏菌及大肠杆菌引起的细菌性下痢，如仔猪白痢、黄痢等均有疗效，并有调整肠道菌群失调，提高机体免疫力，促进生长作用。

【用法与用量】用凉水溶解后饮用，或拌入饲料中口服，也可直接灌服。按饲料重量添加，预防量添加0.1%～0.2%，治疗量添加0.2%～0.4%。

【注意事项】（1）严禁与抗菌药物和抗菌药物饲料添加剂同时使用。

（2）现拌料（或溶解）现吃，限当日用完。

枯草芽孢杆菌活菌制剂（TY7210株）

本品系用枯草芽孢杆菌TY720株接种适宜培养基培养，收获培养液，经无菌分装制成。用于预防和治疗猪细菌性腹泻和促进生长。

【性状】为土黄色至黄褐色乳状液，久置后，有少量沉淀物。

【作用与用途】用于预防和治疗猪细菌性腹泻和促进仔猪生长。

【用法与用量】灌服或与少量饲料混合饲喂。预防用量：仔猪，每只每次5mL，每天1次，共服用1～3次。治疗用量：仔猪，每只

每次 10mL，每天 1 次，共服用 3 次。

【注意事项】（1）本品严禁注射。

（2）本品不得与抗菌药物和抗菌药物饲料添加剂同时使用。

（3）打开内包装后，限当天用完。

（4）仔猪出生后立即服用，效果更佳。

蜡样芽孢杆菌、粪链球菌活菌制剂

本品系用无毒性链球菌和蜡样芽孢杆菌分别接种适宜培养基培养，收获纯菌，加入适宜赋形剂经干燥制成粉剂，并按一定比例混合配制而成。作为猪饲料添加剂和防治猪下痢的制剂，具有调节肠道正常菌群失调和促进生长的作用。

【性状】灰白色干燥粉末。

【作用与用途】本品为猪饲料添加剂，可防治仔猪下痢，促进生长和增强机体的抗病能力。

【用法与用量】作饲料添加剂，按一定比例拌入饲料，仔猪料 0.1%～0.2%，肉猪料 0.1%。仔猪每天每头 0.2～0.5g。治疗量加倍。

【注意事项】本品勿与抗菌药物和抗菌药物饲料添加剂同时使用，且勿用 50℃以上热水溶解。

蜡样芽孢杆菌活菌制剂（DM423）

本品系用蜡样芽孢杆菌 DM423 菌株的培养液，加适宜赋形剂，经干燥制成的粉剂或片剂。用于猪腹泻的预防和治疗，并能促进生长。

【性状】粉剂为灰白色或灰褐色干燥粗粉或颗粒状；片剂外观完整光滑，类白色，色泽均匀。

【作用与用途】用于猪腹泻的预防和治疗，并能促进生长。

【用法与用量】口服。按表中药量与少量饲料混合饲喂，病重可逐头喂服。

动物种类	治疗用量	预防用量
仔猪	每千克体重 0.6g，日服 1 次，连服 3d	每千克体重 0.3g，日服 1 次，服 3～5d 后，每周 1 次
大猪	每头每次 2～4g，日服 2 次，连服 3～5d	

【注意事项】本品不得与抗菌药物和抗菌药物饲料添加剂同时使用。

蜡样芽孢杆菌活菌制剂（SA38）

本品系用蜡样芽孢杆菌 SA38 菌株的培养液，加适宜赋形剂，经干燥制成的粉剂或片剂。主要用于预防和治疗仔猪的腹泻，并能促进生长。

【性状】粉剂为灰白色或灰褐色的干燥粗粉；片剂外观完整光滑，类白色或白色片。

【作用与用途】主要用于预防和治疗仔猪腹泻，并能促进生长。

【用法与用量】口服。治疗量，猪按每千克体重 0.1～0.15g。每天 1 次，连服 3 次。预防量减半，连服 7d。

【注意事项】本品不得与抗菌药和抗菌药物饲料添加剂同时使用。

酪酸菌活菌制剂（PR-2株）

本品系用酪酸菌 PR-2 株接种适宜培养基培养，收获培养物，加入保护剂，经真空冷冻干燥后，混合辅料制成粉剂。用于预防猪由大肠杆菌引起的腹泻，并能促进猪的生长。

【性状】灰黄色的干燥粉剂，能通过 60 目筛。

【作用与用途】用于预防大肠杆菌引起的腹泻，并能促进猪的生长。

【用法与用量】口服。与饲料混合后口服。用于预防由大肠杆菌引起的腹泻时，猪：每 1 000kg 饲料添加 0.5～1kg；用于促进猪生长时，每 1 000kg 饲料添加 0.5～1kg。

【不良反应】一般无可见的不良反应。

【注意事项】（1）本品不得与抗菌类药物和抗菌药物饲料添加剂同时服用。

（2）本品口服时严禁用 40℃以上热水溶解。

乳酸菌复合活菌制剂

本品系用嗜酸乳杆菌、粪链球菌和枯草杆菌的培养物，经冷冻真空干燥制成混合菌粉，加载体制成粉剂或颗粒剂和片剂。本品对沙门氏菌及大肠杆菌引起的细菌性下痢如仔猪白痢、黄痢均有疗效，并有调整肠道菌群失调，促进生长作用。

【作用与用途】本品对沙门氏菌及大肠杆菌引起的细菌性下痢如仔猪的白痢、黄痢均有疗效，并有调整肠道菌群失调，促进生长作用。

【用法与用量】口服。用凉水溶解后饮水或拌入饲料口服或灌服。预防量：每次 1.0～1.5g；一般 3～5d 为 1 个疗程；仔猪减半。

【注意事项】（1）本品严禁与抗菌类药物和抗菌药物饲料添加剂同时服用。

（2）服用本制剂时，不得用含氯气的自来水稀释，要用煮沸后的凉开水稀释，水温不得超过 30℃，稀释后限当天用完。

双歧杆菌、乳酸杆菌、粪链球菌、酵母菌复合活菌制剂

本品系用双歧杆菌、乳酸杆菌、粪链球菌和酵母菌分别接种适宜培养基培养，收获培养物，用羟甲基纤维素钠沉淀，加适宜稳定剂，经冷冻真空干燥后，与载体混合制成的粉剂。用于预防猪腹泻。

【性状】乳黄色均匀细粉。

【作用与用途】用于预防猪腹泻。

【用法与用量】将每次用药量拌入少量饲料、奶中饲喂或直接经口喂服，每天 2 次，连服 5~7d。猪，每次每千克体重 0.5g。

【注意事项】(1) 用药时，应现配现用。

(2) 服用本制剂时，应停止使用各类抗菌药物。

(3) 饮用时，用煮沸后的凉开水稀释，水温不得超过 30℃，不得用含氯自来水稀释，稀释后限当天用完。

嗜酸乳杆菌、粪链球菌、枯草杆菌复合活菌制剂

本品系用嗜酸乳杆菌、粪链球菌和枯草杆菌接种适宜培养基培养，收获培养物，加适宜赋形剂，经冷冻真空干燥制成混合菌粉，加载体制成的粉剂或片剂。

【性状】粉剂为灰白色或灰褐色干燥粗粉或颗粒状；片剂外观完整光滑，类白色，色泽均匀。

【作用与用途】本品对沙门氏菌及大肠杆菌引起的细菌性下痢如仔猪白痢、黄痢均有疗效。并有调整肠道菌群失调的功效。

【用法与用量】口服。用凉水溶解后作饮水或拌入饲料口服或灌服。仔猪每次 1.0~1.5g，一般 3~5d 为 1 个疗程。

【注意事项】(1) 本品不得与抗菌类药物或抗菌药物添加剂同时服用。

(2) 服用本制剂时，不得用含氯气的自来水稀释，要用煮沸后的凉开水稀释，水温不得超过 30℃，稀释后限当天用完。

第三章

猪场常见疾病的临床用药

猪场常见病除了传染性疾病、寄生虫病外，还应注意由于饲养管理不当、饲料或环境因素引起的内科或外科疾病。

动物传染病的发生必须同时具备三个条件，即传染源、传播途径和易感动物。采取科学手段消灭传染源、切断传播途径和保护易感动物，才能控制疫病的发生、传播和蔓延。由于传染病具有一定的传染性，对其进行控制有一定难度。某些重大动物传染病、人畜共患传染病等疫病不能进行治疗，如口蹄疫只有通过扑杀、销毁才能彻底消除隐患。因此，对重大动物疫病的防治实行"养重于防，预防为主，防重于治，防治结合"的方针，"加强领导、密切配合、依靠科学、依法防治、群防群控、果断处置"的防控原则，关键是做好生物安全、综合保健和免疫预防等工作。对于其他危害较低的传染病，必须按照综合防治原则，做到科学饲养管理、免疫注射、消毒和隔离，认真做好临床诊治、规范用药工作，只有贯彻执行好"预防为主，综合防治"的方针，规模猪场的健康发展才有保障。

在养殖生产中，要加强饲养管理，注意环境变化，采购质量合格的饲料，合理规范使用药物，并养成日常观察饲养动物的习惯，发现异常，及时分析处置，以减少非传染性疾病的发生。

第一节　猪病毒性传染病

猪　瘟

猪瘟是由猪瘟病毒引起猪的一种危害严重的烈性传染病，也称为古典猪瘟。不同年龄、不同品种的猪均易感。自然条件下主要通过直接接触传播，呈散发或地方性流行。近年来，猪瘟的流行多以非典型性、慢性及隐性形式出现，往往不表现临床症状。带毒母猪的垂直传播及猪群中水平传播是造成目前猪瘟持续感染和流行的根本原因。临床特征为多发性出血、坏死和梗死，常见出血点和出血斑。潜伏期为2～14d，仔猪的死亡率比成年猪高。

【预防】我国目前批准生产的猪瘟疫苗有兔源、脾淋源、细胞源、传代细胞源猪瘟活疫苗及猪瘟病毒 E2 亚单位疫苗。猪瘟 E2 亚单位疫苗可通过血清学方法与自然感染猪区分开，为猪瘟净化提供可用的技术手段。

活疫苗接种 1 周后可产生免疫力。没注射过疫苗的猪场，仔猪无母源抗体，在 14 日龄接种一次即可；注射过疫苗的猪场，仔猪可在21～30 日龄时接种一次。有疫情威胁时，仔猪可在免疫后 14d 加强免疫一次。猪瘟病毒 E2 亚单位疫苗需在首次免疫后 3～4 周加强免疫一次。

猪　口　蹄　疫

口蹄疫由口蹄疫病毒引起，口蹄疫能感染猪等偶蹄动物（包括野生动物）。感染幼龄动物后可引起心肌炎而导致死亡。直接或间接接触传染或经空气传播，呼吸道和消化道是重要的侵入门户。病猪以蹄部水疱为主要特征，蹄部、蹄叉等部位出现局部发红、微热等症状，逐渐形成米粒大、蚕豆大的水疱，水疱破裂后形成出血性溃烂。病变处含有大量病毒，随着水疱的破裂而污染环境。如无继发感染可痊愈。继发感染严重者可侵害蹄叶，使蹄壳脱落，病猪卧地不起。口腔也可出现水疱。

【预防】我国目前批准生产的口蹄疫疫苗有：猪口蹄疫 O 型灭活疫苗（O/MYA98/BY/2010 株）、猪口蹄疫 O 型灭活疫苗（O/MYA98/XJ/2010 株＋O/GX/09－7 株）、猪口蹄疫 O 型合成肽疫苗（多肽 2600＋2700＋2800）、猪口蹄疫 O 型合成肽疫苗（多肽 98＋93）、猪口蹄疫 O 型合成肽疫苗（多肽 TC98＋7309＋TC07）、猪口蹄疫 O 型合成肽疫苗（多肽 0405＋0407）、猪口蹄疫 O 型 3A3B 表位缺失灭活疫苗（O/rV－1 株）和猪口蹄疫 O 型、A 型二价灭活疫苗（Re-O/MYA98/JSCZ/2013 株＋Re-A/WH/09 株）。

成年猪在一年内需接种至少 3 次口蹄疫疫苗，同时公猪与母猪在交配前应进行免疫。仔猪断奶之后的 10～15d 内进行首次免疫，1 个月后可追加一次。未断奶仔猪不建议使用。

猪繁殖与呼吸综合征

猪繁殖与呼吸综合征是由猪繁殖与呼吸综合征病毒引起的以母猪繁殖障碍和仔猪呼吸道症状为主要特征的一种高度接触性传染病，俗称"猪蓝耳病"。可侵害任何年龄的猪，以妊娠母猪和 1 月龄以内的仔猪最易感。患病猪和带毒猪是本病的重要传染源。主要为接触感染、气溶胶传播和精液传播，也可通过胎盘垂直传播。病猪的排泄物、唾液、奶液等分泌物均可传播病毒。以母猪流产及产出死胎、弱胎、木乃伊胎和仔猪呼吸困难、败血症、高死亡率等为主要特征，妊娠母猪和哺乳仔猪受害最严重，生长猪和育肥猪感染后症状较温和。高致病性蓝耳病主要以猪体温升高、皮肤发红和呼吸急促等为主要临床特征，剖检变化以弥散性、出血性间质肺炎、淋巴结和各内脏器官不同程度出血为突出特征。

【预防】我国目前批准生产的"猪蓝耳病"疫苗有减毒活疫苗和灭活疫苗两大类。在疫苗选择时，建议有条件的猪场定期对猪群感染情况进行监测，选择适合自身的疫苗，制定个性化的免疫程序。另外，在"猪蓝耳病"流行时，应做好猪瘟、猪伪狂犬病和猪气喘病的控制，以减轻损害，提高猪群抵抗力。

猪圆环病毒病

猪圆环病毒病是由猪圆环病毒 2 型引起的以断奶仔猪呼吸急促或困难、腹泻、贫血、明显的淋巴组织病变和进行性消瘦为主要特征的一类疾病。不同年龄、性别的猪都可感染，主要影响哺乳期和保育期的仔猪。可经口腔、呼吸道途径感染，也可经胎盘垂直传播。以断奶仔猪呼吸急促或困难、腹泻、贫血、明显的淋巴组织病变和进行性消瘦为主要特征。

【预防】我国目前批准生产的圆环病毒疫苗有圆环病毒 2 型全病毒灭活疫苗和亚单位疫苗。颈部皮下或肌内注射。仔猪 14～21 日龄首免，1mL/头，间隔两周后以同样剂量加强免疫一次。

猪 伪 狂 犬 病

伪狂犬病是由伪狂犬病病毒引起多种动物以发热、奇痒（猪例外）及脑脊髓炎为主要症状的一种急性传染病，亦被称为奥耶斯基病。猪是伪狂犬病病毒的贮存宿主和感染源。一年四季均可发病，但以冬春两季和产仔旺季多发。猪感染后表现发热、奇痒和急性脑脊髓炎等典型症状。不同阶段的猪发生猪伪狂犬病后临床表现差异较大。母猪主要发生流产、产出死胎和木乃伊胎，不育、不发情、返情等繁殖障碍。新生仔猪发病有明显的神经症状，急性经过，能引起大量死亡。断奶前后的仔猪也有发病，主要表现为发热、呼吸及消化系统症状。成年猪发病主要表现为呼吸症状。

【预防】我国目前批准生产的疫苗有灭活苗（鄂 A 株）、弱毒苗（Bartha K61 株、HB2000 株、C 株）以及三基因缺失苗 SA215 株（gE⁻/gI⁻/TK⁻）、双基因缺失苗 HB - 98 株（gG⁻/TK⁻）。

推荐免疫程序：PRV 抗体阴性仔猪，在出生后 1 周内滴鼻或肌内注射；具有 PRV 母源抗体的仔猪，在 45 日龄左右肌内注射；经产母猪每 4 个月免疫一次；后备母猪 6 月龄左右肌内注射免疫一次，间隔 1 个月后加强免疫一次，产前 1 个月左右再免疫一次；种公猪每年春、秋季各免疫一次。

猪细小病毒病

猪细小病毒病是由猪细小病毒引起母猪的繁殖障碍性疾病。只发生于猪，各种品种、年龄、性别的猪和野猪都易感。可经精液传播，也可经胎盘垂直传播。主要导致初产母猪及血清学阴性经产母猪发生流产，产出死胎、畸形胎、木乃伊胎、弱胎及屡配不孕等繁殖障碍的疾病，而母猪本身无明显症状。

【预防】我国目前批准生产的猪细小病毒疫苗主要是灭活疫苗（WH 株、CP99 株 L 株、YBF01 株、BJ - 2 株、NJ 株）。

推荐免疫程序：初产母猪 5～6 月龄免疫一次，2～4 周后加强免疫一次；经产母猪于配种前 3～4 周免疫一次；公猪每年免疫两次。

猪 乙 型 脑 炎

猪乙型脑炎又称日本乙型脑炎，简称乙脑，是一种人兽共患、虫媒传播的急性病毒性传染病。多种动物均可感染，猪群感染最为普遍，其中仔猪和初产母猪易感性较强。患病猪和隐性感染猪是主要的传染源。该病可通过蚊虫叮咬传播，也可以通过交配水平传播。妊娠母猪流产和产出死胎，公猪发生睾丸炎，育肥猪持续高热和新生仔猪呈现典型脑炎症状。患猪体温升高，精神不振，食欲不好，饮欲增强，嗜睡，眼结膜潮红，尿的颜色变为深黄色，粪便较干；有的出现神经症状，如磨牙、口吐白沫、失明、转圈，最终死亡；有的出现关节炎症状，大多出现后肢肿大、发炎、跛行。

【预防】我国目前批准生产的疫苗主要有猪乙型脑炎油乳剂灭活疫苗 HW1 株、猪乙型脑炎活疫苗 SA14-14-2 株。

对于灭活疫苗，后备种猪于 6～7 月龄（配种前）或蚊虫出现前20～30 日注射疫苗 2 次（间隔 10～15 日），经产母猪及成年公猪每年注射 1 次，每次 2mL。对于活疫苗，6～7 月龄后备种母猪和种公猪配种前 20～30 日肌内注射 1.0mL，以后每年春季加强免疫一次。经产母猪和成年种公猪，每年春季免疫一次，肌内注射 1.0mL。在乙型脑炎流行区，仔猪和其他猪群也应接种疫苗。

在做好免疫的同时，做好消毒工作，防虫驱蚊。禁止畜禽混养，并防止蝙蝠等进出。

猪流行性感冒

猪流行性感冒简称猪流感，是由猪流感病毒引起猪的一种急性、高度接触性呼吸道传染病。猪、野猪都能够自然感染猪流感病毒，不同年龄、性别和品种的猪均易感。病猪和带毒猪的呼吸道黏液以及淋巴结、肺脏内都存在病毒，主要经由接触和呼吸道造成传播。病猪精神萎靡，食欲不振或者停止采食，体温明显升高，肌肉疼痛，拒绝站立，有黏性液体从眼睛和鼻孔流出，眼结膜充血；少数病猪会出现咳嗽、喘气，导致呼吸困难，呈腹式呼吸，往往出现犬坐姿势，夜间能够听到明显的哮喘声。

【预防】我国目前批准生产的主要是 H1N1 型和 H3N2 亚型单价或双价猪流感全病毒灭活疫苗，建议在夏末秋初开始接种疫苗，一般接种两次，每次间隔 1 个月。

另外，猪发生流行性感冒，立即将其隔离，并对整个猪场采取全面、彻底消毒，防止其他健康猪感染。

猪传染性胃肠炎

猪传染性胃肠炎是由猪传染性胃肠炎病毒引起猪的一种急性、高度接触性传染性肠道疾病。各种年龄的猪均易感，以 2～10 日龄以下的仔猪最为易感，病死率高。多发生在冬春季节。病毒可通过接触及气溶胶传播。康复猪可长期带毒，成为猪场重要的传染源。以呕吐、水样腹泻、脱水和 10 日龄内仔猪高死亡率为主要特征。

【预防】我国目前批准生产的疫苗主要有：猪传染性胃肠炎-猪流行腹泻二联活疫苗（WH－1R 株＋AJ102－R 株、SCJY－1 株＋SC-SZ－1 株、WH－1 株＋AJ102 株、HB08 株＋ZJ08 株）以及猪传染性胃肠炎、猪流行腹泻、猪轮状病毒（G5 型）三联活疫苗（弱毒华毒株＋弱毒 CV777 株＋NX 株）等。

母猪在分娩前 5 周和 2 周可使用二联苗或三联苗进行免疫，能使仔猪获得母源抗体，防止仔猪发病。对曾发生过猪传染性胃肠炎的猪场，应在秋季和冬季对保育猪进行免疫接种。

猪流行性腹泻

猪流行性腹泻是由猪流行性腹泻病毒引起猪的一种高度接触性肠道传染病。各年龄的猪均易感，以 1 周龄以下的仔猪最为易感，病死率可高达 50%～100%。日龄较大的仔猪死亡率低。病猪是主要的传染源，主要发生在冬季。主要通过接触传播。感染后 1～5d 内暴发疾病。哺乳仔猪、架子猪和育肥猪发病率高，以哺乳仔猪最为严重。以腹泻、呕吐、脱水和对哺乳仔猪高致死率为主要特征。

【预防】我国目前批准生产的疫苗主要有：猪流行腹泻单苗及猪传染性胃肠炎-猪流行腹泻二联活疫苗（WH－1R 株＋AJ102－R 株、SCJY－1 株＋SCSZ－1 株、WH－1 株＋AJ102 株、HB08 株＋ZJ08

株），猪传染性胃肠炎、猪流行腹泻、猪轮状病毒（G5 型）三联活疫苗（弱毒华毒株＋弱毒 CV777 株＋NX 株）。

母猪在分娩前 5 周和 2 周可使用二联苗或三联苗进行免疫，能使仔猪获得母源抗体，防止仔猪发病。建议在发病季节前 20～30 日全群免疫接种，或跟胎次预防接种。发病时，在采取对症治疗的同时，建议使用活疫苗进行紧急预防接种。

第二节 猪细菌性传染病

仔猪黄痢和白痢

仔猪黄痢又称初生仔猪大肠杆菌病或仔猪早发性大肠杆菌病，是由致病性大肠杆菌引起新生仔猪的急性肠炎。主要侵害 1 周龄以内的新生仔猪，且 1～3 日龄发病率最高。带菌母猪为本病的主要传染源，经消化道感染，该病多发于冬季、深秋及早春。临床上以腹泻、排黄色稀粪、急性死亡为主要特征。

仔猪白痢又称迟发型大肠杆菌病，是由致病性大肠杆菌引起仔猪的急性腹泻病。10～30 日龄仔猪多发。该病主要经口感染，病猪排泄物和被污染的日粮为主要传染源，严冬、早春及炎热的夏季发病频繁。排泄乳白色或灰白色带有腥臭味的稀粪为该病的主要临床症状。

【预防】我国目前批准生产的疫苗有以下 3 种：

（1）大肠埃希氏菌病三价灭活疫苗，用于预防仔猪黄痢。妊娠母猪在产仔前 40 日和 15 日各注射一次，每次肌内注射 5mL。

（2）仔猪腹泻基因工程 K88、K99 双价灭活疫苗，于临产前 21 日左右经耳根部皮下注射怀孕母猪，一次即可。初乳中的抗体通过哺乳传给仔猪，仔猪被动获得免疫保护。为了确保免疫保护效果，尽量使所有仔猪都吃足初乳。

（3）仔猪大肠杆菌病 K88、LTB 双价基因工程活疫苗，用于预防新生仔猪大肠埃希氏菌引起的腹泻。溶解后，口服免疫，每头 500 亿活菌，在孕母猪预产期前 15～25 日进行，将每头份疫苗与 2g 小苏打一起拌入少量精饲料中，空腹喂给母猪，待吃完后再常规喂食；肌内注射免疫，每头 100 亿活菌，在母猪预产期前 10～20 日进行。疫情严重的猪场，在产前 7～10 日再加强免疫一次。

【治疗】给药前最好先分离病原菌进行药敏试验，根据检测结果选用高效药物治疗或调整用药。仔猪黄痢、白痢可通过注射庆大霉素、氟喹诺酮类（恩诺沙星）治疗，或口服磺胺脒、新霉素、安普霉素等治疗。使用肾毒性强的药物前，注意纠正脱水。

可选用中药疗法，如白头翁散、黄连注射液、穿心莲注射液。也可同时投服收敛止泻药（如蒙脱石散、活性炭等），可提高疗效，灌服口服液盐、醋、稀盐酸等有助于恢复消化道功能。

仔 猪 水 肿 病

仔猪水肿病又称仔猪胃肠水肿病，或称大肠杆菌肠毒血症，是由致病性、溶血性大肠杆菌毒素引起仔猪的一种肠毒血症。本病见于断奶后 1～2 周的强壮仔猪。带病仔猪或肠道内存在溶血性大肠杆菌的健康母猪为本病的主要传染源，经消化道感染。仔猪发病初期多见精神不振，食欲减退，体温升高，共济失调，敏感，惊厥，发出嘶叫声；后期神经症状明显，表现为四肢划动呈游泳状，后躯麻痹，卧地不起，口吐白沫；眼睑、下颌、胸部和腹部水肿。

【预防】可用仔猪水肿病灭活疫苗进行免疫。颈部深层肌内注射，14～18 日龄仔猪每头 2mL。

【治疗】仔猪水肿病需立即隔离病猪，并在饲料日粮中添加氨基糖苷类（安普霉素）、酰胺醇类、氟苯尼考抗菌药物治疗；或口服磺胺类（磺胺二甲嘧啶）配合硫酸镁，可提高效果。灌服氟喹诺酮类（恩诺沙星）也有良好药效，或选用黄连素注射给药；病初可选用亚硒酸钠、维生素 E 对症治疗，同时配合敏感抗菌药物及利尿药治疗。

仔猪渗出性皮炎

仔猪渗出性皮炎俗称"油猪病"或"烟煤病"，是由皮炎葡萄球菌感染引起仔猪的急性接触性传染性皮炎。本病多发于 1 月龄以内仔猪、哺乳仔猪和刚断奶仔猪，主要经直接接触破损的皮肤黏膜感染。秋、冬、春季多发，呈散发性或流行性。发病初期病猪全身皮肤出现红斑，有脂性黄褐色渗出物结痂、胶着，痂皮脱落后露出鲜红色创面，被毛呈黑褐色，似煤烟覆盖。病猪食欲下降，脱水，出现浅表性毛囊炎；后期炎症逐渐扩展，表现为呼吸困难、衰弱、脱水，可见各处表皮肥厚、干燥、龟裂，呈败血症死亡。

【治疗】仔猪渗出性皮炎需及早发现，隔离病猪，同时用 β-内酰胺类（阿莫西林、氨苄西林、青霉素）、林可霉素注射给药治疗；或选用磺胺类抗菌药物；涂抹氨基糖苷类（新霉素），配合聚维酮碘溶液涂擦洗患处。出现脱水状的病猪要及时补充体液。同时注意解热镇痛，加强饲养管理。

仔 猪 副 伤 寒

仔猪副伤寒又称猪沙门菌病，是由沙门菌引起仔猪的消化道传染病。该病多发生于 1~4 月龄的猪。病猪及健康带菌猪为主要感染源，经消化道感染。该病一年四季均可发生，以严冬或气候多变时频发。急性型为败血症特征，出现体温升高，顽固性下痢，粪便呈黄色，耳尖、腹部、四肢皮肤有紫红色斑点。慢性型多表现为大肠坏死性炎症及肺炎，排泄灰白或黄绿色恶臭水样物，混有大量坏死组织碎片或纤维状分泌物。后躯沾有灰褐色粪便，被毛粗乱，皮肤有痂状湿疹。

【预防】我国目前批准生产的疫苗有仔猪副伤寒活疫苗，以猪霍乱沙门氏菌 C500 弱毒株培养制备，口服或耳后浅层肌内注射。适用于1月龄以上哺乳或断乳健康仔猪。

【治疗】仔猪副伤寒可用氨基糖苷类（庆大霉素）或氟喹诺酮类（恩诺沙星）注射给药治疗；或口服氨基糖苷类（新霉素）、磺胺脒。隔离病猪，及早治疗。

猪 链 球 菌 病

猪链球菌病是由多种链球菌感染引起不同临床症状的人兽共患急性热性传染病，分败血症型、脑膜炎型、化脓性淋巴结炎型、关节炎型四种。猪不分年龄、品种和性别均易感，3～12周龄仔猪、怀孕母猪更常见。呼吸道是本病的主要传播途径。该病一年四季均可发生，但以高温潮湿季节更易发。感染该菌后，急性病例主要表现为抑郁、厌食、发热，然后出现听觉丧失、失明、角弓反张、麻痹、共济失调、呼吸困难、惊厥和震颤发抖等。有的病猪不表现任何症状即突然死亡。

【预防】我国目前批准生产的疫苗有：

（1）猪败血性链球菌活疫苗（ST171株），免疫保护期为6个月。肌内注射，每头份加1mL铝胶盐水稀释，每头猪皮下注射1mL。口服，用生理盐水稀释，每头猪口服剂量4头份。

（2）猪链球菌病灭活疫苗（马链球菌兽疫亚种＋猪链球菌2型），用于预防C群马链球菌兽疫亚种和R群猪链球菌2型感染引起的猪链球菌病，适用于断奶仔猪、母猪。二次免疫后免疫期为6个月。肌内注射，仔猪每次接种2.0mL，母猪每次接种3.0mL。仔猪在21～28日龄首免，免疫20～30d后按同剂量进行第2次免疫。母猪在产前45日龄首免，产前30日龄按同剂量进行第2次免疫。

【治疗】败血型猪链球菌病可选用青霉素类（阿莫西林）、头孢菌素类（头孢噻呋）、磺胺类（复方新诺明）、大环内酯类（红霉素）、林可霉素等。脑膜炎型猪链球菌病可选用青霉素、磺胺嘧啶治疗。关节炎型猪链球菌病选用青霉素类（阿莫西林、青霉素）配合普鲁卡因封闭，适用于早期治疗。化脓性淋巴结炎型与局部脓肿型猪链球菌病早期用普鲁卡因配以青霉素治疗，同时注意清洗消毒，配合鱼石脂软膏涂抹患处。

猪传染性萎缩性鼻炎

猪传染性萎缩性鼻炎是由产毒多杀性巴氏杆菌或支气管败血波氏杆菌感染引起猪的慢性呼吸道传染病。各种年龄的猪均可被感染，1～5月龄的猪最为常见。病猪和带菌猪是该病的主要传染源。病原主要经口鼻飞沫或气溶胶传播，呼吸道分泌物、肠道内容物也是传播的重要途径。本病多为散发或呈地方性流行。发病仔猪以猪鼻甲骨萎缩、鼻部变形及生长迟滞为主要特征，临床表现为打喷嚏、流鼻涕、喷鼻息，有不同程度的卡他性鼻炎，产生不同量的浆液或黏液性鼻分泌物。

【预防】我国目前批准生产的疫苗有灭活疫苗和类毒素疫苗，可用于母猪产前2个月及1个月分别接种，以提高母源抗体滴度，保护仔猪初生几周内不受本病感染；也可给1～3周龄的仔猪免疫接种，间隔1周进行二免。

【治疗】猪传染性萎缩性鼻炎可肌内注射氨基糖苷类（庆大霉素、链霉素、卡那霉素）、磺胺类药物（磺胺嘧啶、磺胺二甲嘧啶）配合甲氧苄啶防治。或在饲料日粮中添加磺胺类药物（磺胺嘧啶、磺胺二甲嘧啶）配合甲氧苄啶治疗。同时加强饲养管理，注意环境卫生等。

猪 气 喘 病

猪气喘病又称猪支原体肺炎，是由猪肺炎支原体引起猪的一种接触性慢性呼吸道传染病。各种年龄、品种、性别的猪均易感染，但多见于小猪和母猪，特别是1～2月龄的断奶仔猪最易感染发病。带病猪和隐性感染猪是本病的主要传染源，经呼吸道传播。在气候多变、阴雨寒冷的冬春季多发。咳嗽、气喘为本病的主要症状，发病初期病猪表现精神沉郁、咳嗽或持续性咳嗽；随后表现为呼吸困难、呼吸次数剧增、张口喘气、呈腹式呼吸并有喘鸣声，伴随体温升高、流鼻液，可视黏膜发绀。病程稍长者被毛粗乱，消瘦衰弱，食欲下降。

【预防】我国目前批准生产的疫苗有乳兔化弱毒冻干苗、168株弱毒苗等，也可以灭活疫苗进行免疫接种防治该病，使用方法见疫苗说明书。

【治疗】猪气喘病可在饲料日粮中添加大环内酯类（泰乐菌素、替米考星）、沃尼妙林、泰妙菌素等抗菌药物治疗。选用恩诺沙星、泰乐菌素注射给药治疗。同时注意饲养管理，及时隔离病猪。

猪传染性胸膜肺炎

猪传染性胸膜肺炎又称猪接触性传染性胸膜肺炎、坏死性胸膜肺炎，是由胸膜肺炎放线杆菌引起猪的一种高度接触传染性呼吸道疾病。各种年龄、性别的猪均易感，其中6周龄至6月龄的猪较多发。病菌主要通过直接接触经呼吸道传播，具有明显的季节性，多发生于4～5月和9～11月。该病发生多呈最急性或急性，表现体温升高至40.5℃以上，精神沉郁，食欲废绝，心衰。早期无明显呼吸道症状，后期呼吸困难，咳喘，张口伸舌，口鼻流出泡沫样淡红色分泌物。最初暴发本病时，可见到流产，个别猪可发生关节炎、心内膜炎和不同部位的脓肿。

【预防】我国目前批准生产的疫苗有猪传染性胸膜肺炎全菌灭活苗和亚单位苗，使用方法是注射2mL/头，注射后间隔14～20d再加强免疫一次，免疫期为6个月。建议仔猪35～40日龄第一次免疫，4周后加强免疫一次；母猪产前6周和2周各免疫一次，以后每隔6个月免疫一次。

【治疗】在发病早期给药治疗效果大多较好，当病情发展至中晚期时则效果较差，机体功能难以恢复。治疗本病宜首选头孢类抗生素（头孢喹肟、头孢噻呋），也可用磺胺类药（磺胺嘧啶）、青霉素类（阿莫西林）、酰胺醇类（氟苯尼考）、大环内酯类（泰乐菌素、替米考星）或氟喹诺酮类（恩诺沙星）等进行注射给药。同时加强对症治疗，加强管理。对于病情严重的病猪要及时淘汰和进行无害化处理。

猪 丹 毒

猪丹毒是猪丹毒杆菌引起的一种急性、热性、败血型人畜共患传染病。本病多发于3～12月龄的猪，哺乳猪也有发生。通过饮食经消化道感染，亦可通过损伤的皮肤及蚊、蝇、虱等吸血昆虫传播。多发于多雨、炎热以及蚊蝇活跃的夏季，呈地方性流行或散发。其临床症状表现为高热，急性败血症，亚急性皮肤疹块，慢性疣状心内膜炎及皮肤坏死与多发性非化脓性关节炎。

【预防】我国目前批准生产的有弱毒苗、灭活苗，也有联苗，如猪瘟-猪丹毒二联灭活苗及猪瘟-猪丹毒-猪肺疫三联灭活苗等。不同疫苗使用方法略有不同，具体请参考疫苗使用说明书。

【治疗】发病后要早确诊、早隔离、早治疗。首选青霉素类（青霉素、氨苄西林、阿莫西林）药物经肌内注射治疗，或联合长效青霉素制剂共同治疗，会获得较好的疗效。另外，可选用头孢噻呋、泰乐菌素和磺胺嘧啶进行治疗。同时，应加强饲养管理。

猪 肺 疫

猪肺疫又称猪巴氏杆菌病，俗称"锁喉疯"或"肿脖子瘟"，是由多种杀伤性巴氏杆菌引起猪的一种急性传染病。多发于中小型猪，由外源性巴氏杆菌经呼吸道或消化道进入健康猪体，引起发病，也可经吸血昆虫媒介和损伤皮肤、黏膜发生感染。本病多为散发，有时可呈地方性流行。一般无明显的季节性，但以气候剧变、潮湿、多雨时期发生较多。一般分为最急性、急性和慢性三型。急性病例一般病程较短，可突然死亡，典型表现是急性咽喉炎，颈部高度红肿，热而坚硬，呼吸困难及肺炎病状。散发或继发性慢性病猪，症状不明显。

【预防】我国目前批准生产的疫苗有猪肺疫活疫苗、猪肺疫灭活苗、口服猪肺疫活疫苗等，活疫苗有 679-230 株、C20 株、EQ630 株等。

（1）猪肺疫活疫苗适用于各生长期的健康猪，使用时要按瓶签规定头份数，加入 20%氢氧化铝生理盐水稀释，皮下或肌内注射 1mL，本苗在注射前 7d 及注射后 10d 内，不能使用抗生素及磺胺类药物，此菌苗在稀释后 4h 内用完。

（2）猪肺疫灭活苗适用于各生长期的健康猪，使用时各种猪不论大小每头皮下或肌内注射 5mL，本苗在注射前应充分振摇。

（3）口服猪肺疫活疫苗适用于各生长期的健康猪，使用时要按瓶签规定头份，用冷开水稀释后与饲料充分搅拌均匀后，让猪食用即可。本苗只能口服，不能注射。临产母猪不能用本苗，本苗不得与发酵饲料、酸碱过强的饲料、含抗生素饲料及 37℃ 以上的饲料搅拌。使用本苗前后 3~5d，猪禁用抗生素与磺胺类药物。

【治疗】药敏试验结果显示，猪巴氏杆菌存在广泛的耐药性。猪场在治疗猪巴氏杆菌病时，不要盲目用药，要筛选出高敏药物交替进行治疗。巴氏杆菌对磺胺类、氨基糖苷类药物耐药率相对较高，可选用氟喹诺酮类（如恩诺沙星）、头孢喹肟等治疗。此外，也可选用中医疗法治疗，如大青叶、白药子、黄芪、连翘、桔梗、知母、杏仁、牛蒡子等灌服。

副猪嗜血杆菌病

副猪嗜血杆菌病又称格拉泽氏病，是由副猪嗜血杆菌引起猪的多发性纤维素性浆膜炎和关节炎的细菌性传染病，具有较强的宿主特异性，通常只感染猪。2 周龄至 4 月龄的猪均易感，哺乳仔猪因有母源抗体保护，呈隐性感染，多在断奶后、保育期间发病。主要通过空气直接接触或经消化道感染。临床以胸膜炎、肺炎、心包炎和脑膜炎为特征。病猪主要表现为发热、食欲不振、消瘦、被毛粗乱、咳嗽、呼吸困难、可视黏膜和皮肤发绀呈现淡紫色，四肢关节肿大，皮下水肿，跛行。部分病猪还表现脑神经症状。

【预防】我国目前批准生产的副猪嗜血杆菌病疫苗，都是全菌灭活苗，有单苗也有二联疫苗，但分不同的血清型，在使用上需根据当地的流行情况进行选择，并严格按使用说明书使用。

【治疗】大多数血清型的副猪嗜血杆菌可用氨基糖苷类（大观霉素、庆大霉素，但注意肾功能不全者慎用）、氟喹诺酮类（恩诺沙星和氟苯尼考，但注意妊娠期、哺乳期患猪慎用）药物治疗。抗生素饮水对该病严重暴发可能无效。一旦出现临床症状，及时隔离病猪，并立即采用敏感抗生素拌料的方式对整个猪群治疗，或大剂量肌内注射敏感抗生素。同时加强饲养管理，注意环境卫生。

猪布鲁氏菌病

布鲁氏菌病是由布鲁氏菌引起的一种慢性人畜共患传染病。不同品种和年龄的猪都易感，成年猪更易感染。带菌粪便及流产羊水、胎儿、胎衣是主要传染源，可经消化道、生殖器官、破溃皮肤及胎盘传播。本病多呈散发。被感染猪多呈隐性感染，表现为慢性消耗性疾病特征。少数猪发病症状典型，母猪表现为流产、死胎、不孕、胎衣不下，阴道有红色黏性分泌物，食欲不振及精神不佳。公猪表现为性欲低下甚至消失，睾丸肿大、变硬并伴有发热，后肢麻痹及跛行，关节肿大、发炎、内有积液，短暂发热或无热，很少发生死亡。

【预防】健康猪只用布鲁氏菌病活疫苗（S2 株）进行预防接种，

饮服两次，间隔 30~45d，每次剂量为 200 亿活菌。免疫期 1 年。

【治疗】本病可对公共卫生构成威胁，一旦确诊为布鲁氏菌感染，立即进行淘汰并做无害化处理。在猪场如果发现感染猪只，对全群进行检疫，阳性者立即淘汰。

猪痢疾

猪痢疾又叫猪血痢病，是由猪痢疾密螺旋体引起猪的一种严重的肠道传染病。不同年龄、品种的猪均有易感性，7~12 周龄的仔猪多发。带菌粪便、被污染饲料、饮水为主要传染源，经消化道感染。本病发生无明显季节性。其临床特征是大肠黏膜发生卡他性和出血性炎症，黏液性和出血性下痢。病猪表现精神不佳，食欲不振甚至厌食；粪便坚硬且伴有条状黏液，随后迅速下痢，粪便稀软或呈水样，并伴有大量黏液和血丝。当连续下痢时，粪便中含有大量鲜血、黏液和白色纤维素性渗出物。

【治疗】急性、致死性黄疸病例可选用乙酰甲喹、大环内酯类（泰乐菌素、替米考星）、泰妙菌素等进行拌料给药治疗。同时加强饲养管理，隔离病猪，及早治疗。

增生性肠炎

猪增生性肠炎又称终端性回肠炎、坏死性肠炎，是由胞内劳森菌引起猪的一种接触性胃肠道综合性传染病。常发生于 6~20 周龄的猪。病原菌随病猪和带菌猪的粪便排出体外，经消化道感染，呈散发或流行性。病猪主要表现为精神不佳，形体消瘦，食欲减少，皮肤苍白，被毛暗淡，拱背弯腰，甚至站立不稳。粪便稀薄或间歇性下痢，在粪便中常混有血液或呈黑色焦油样稀粪。慢性病例则表现为贫血，生长缓慢。

【治疗】本病可选用大环内酯类抗生素（泰乐菌素、替米考星）、泰妙菌素等药物治疗。同时需要注意补肾，保肾解毒。由于劳森菌是细胞内寄生菌，在治疗时必须连续用药 10～15d（一个疗程），上述抗生素对本病的治疗效果是可见的，对治疗过程中出血严重的猪要注射止血敏。同时应加强饲养管理，一旦发现病猪，立即隔离治疗。

附红细胞体病

附红细胞体病又称"红皮病"，是由附红细胞体寄生于人、猪等多种动物红细胞表面、血浆、骨髓中，引起的一类人畜共患病。不同年龄和品种的猪都易感，仔猪的发病率和死亡率较高。蚊、蜱、蚤等吸血昆虫是主要的传播媒介。该病具有明显的季节性，多发生在夏秋或雨水较多的季节。临床症状主要表现为皮肤、黏膜苍白，黄疸，仔猪伴有黏稠、腥臭粪便；育肥猪大便干燥，病猪皮肤呈红色，体温增高，精神萎靡，食欲不佳。母猪多出现一系列繁殖障碍综合征，还表现喜卧、厌食、高热等症状。

【治疗】治疗猪附红细胞体病可选用四环素类、酰胺醇类抗生素，也可采用三氮咪及咪唑苯脲等药物，进行注射给药；也可采用黄芪、常山、青蒿素、贯众、柴胡和白头翁等中药进行治疗。同时对症治疗（注射维生素 B_{12} 和铁制剂），加强饲养管理。一旦发现可疑病猪及早诊断，及时隔离病猪进行治疗。

第三节　猪寄生虫病

猪蛔虫病

猪蛔虫病是由猪蛔虫寄生于猪小肠引起的一种线虫病。该病对 3～6 月龄仔猪危害较为严重。主要因猪采食了被虫卵污染的饲料和饮水而感染。多发于夏秋高温潮湿季节。猪蛔虫幼虫自感染到发育为成虫需 2～2.5 个月。主要临床表现为精神沉郁、食欲不振、异嗜、消瘦、贫血、黄疸和被毛粗乱，生长抑制成为僵猪。严重时表现为咳嗽，呼吸困难，流涎，呕吐，腹泻，多喜卧。当大量虫体阻塞肠管时，表现剧烈腹痛，甚至随后因肠管破裂而死亡。

【治疗】宜选用伊维菌素或阿维菌素注射液皮下注射，多拉菌素肌内注射，阿苯达唑、左旋咪唑等内服。

猪 球 虫 病

猪球虫病是由等孢属球虫和某些艾美耳属球虫寄生于猪肠道上皮细胞引起的寄生虫病。初生仔猪和 5～10 日龄的猪最易感。仔猪是否发病取决于所摄取卵囊的数量及致病力。成年猪一般为隐性感染或带虫者。该病主要经口感染，夏、秋两季发病率最高。感染后病猪主要表现为衰弱，食欲减退，进行性消瘦，发育迟缓，排黄色或灰白色粪便、伴有恶臭；初期粪便松软成糊状，随后排水样粪便、腹泻、脱水、失重，甚至死亡。寒冷和缺奶等不良因素可加重病情，常见患病仔猪全身沾满液状粪便，并伴有腐败乳汁样酸臭味。

【治疗】宜选用磺胺类药物（如磺胺二甲基嘧啶、磺胺对甲氧嘧啶等）拌入饲料进行饲喂；或选用中药方剂，对球虫病的治疗也有较好的效果，如四黄散、球虫九味散等。

猪 旋 毛 虫 病

旋毛虫病是由旋毛虫成虫寄生于猪的肠管、幼虫寄生于横纹肌引起的人畜共患病。旋毛虫可寄生于猪、犬、猫、鼠等多种动物和人。该病属于动物疫源性寄生虫病，传播快，分布广，且包囊幼虫抵抗力很强，不易杀死。一般认为猪感染旋毛虫是由于吞食了已被感染的鼠或含有幼虫包囊的动物尸体、粪便等造成的。感染初期动物表现为食欲不振，体温升高，呕吐、腹泻、血便；后期有眼睑水肿，咀嚼吞咽障碍，呼吸困难，运动障碍，消瘦，全身中毒等症状。

【治疗】目前旋毛虫病的治疗仅限于人，宜口服阿苯达唑或甲苯咪唑等药物治疗。猪感染旋毛虫病一般选择无害化处理，轻微感染者可用阿苯达唑拌入饲料饲喂 10d。

猪弓形虫病

弓形虫病是由于弓形体虫寄生于动物体细胞内而引起的一种人畜共患原虫病。弓形虫的终末宿主是猫，但许多哺乳类、鸟类、爬行类动物都可自然感染，成为其中间宿主。该病可经消化道、呼吸道、皮肤等多种途径感染。猪感染后急性病例表现与猪瘟症状相似，病初体温升高，呈稽留热，鼻镜干燥，便秘，精神萎靡，食欲下降，结膜潮红；后期下痢，排水样、浆液性粪便，耳尖、腹部大面积发绀，行动不稳，呼吸困难，甚至窒息而亡。慢性病例表现下痢，消瘦，发育不良；妊娠母猪发生高热，食欲废绝，昏睡，流产，产出畸胎或死胎等。

【治疗】弓形虫病的治疗常以化学药物为主，宜选用磺胺类药物与抗菌增效剂（如磺胺嘧啶与甲氧苄啶、磺胺对甲氧嘧啶与甲氧苄啶、磺胺氯吡嗪与甲氧苄啶等）合用口服用药。也可在饲料中添加氯苯胍，有效抑制猪感染弓形虫的滋养体。

猪姜片吸虫病

姜片吸虫病是片形科姜片属的布氏姜片吸虫寄生在猪和人的小肠内引起的一种人畜共患的吸虫病。该病主要经口感染，5～8月龄的猪感染率最高，且随日龄增长感染率下降。主要呈地方性流行，在我国南方多地都曾报道。轻微感染时症状不明显，大量寄生时病猪表现消瘦，发育不良，精神沉郁，食欲减退，皮毛干燥、无光泽，下痢，粪便稀薄，混有黏液，水肿；后期体温升高，虫体寄生过多时，往往引发肠梗阻或肠套叠，最终因肠破裂而死亡。

【治疗】宜用阿苯达唑、硫双二氯酚等药物拌料饲喂。也可选用中药（如槟榔、木香等）煎汁灌服。

猪棘球蚴病

棘球蚴病是由带科棘球属的细粒棘球绦虫的幼虫——棘球蚴寄生于猪内脏器官引起的一种绦虫蚴病。该病分布广泛，世界许多国家和地区都有本病的流行。猪主要因吞食犬和猫粪便中的细粒棘球蚴虫卵而感染。棘球蚴可感染多种动物，一般情况下病初症状表现都不明显。猪感染棘球蚴时临床症状不明显，严重感染时猪表现精神不振、消瘦、营养不良、右腹部增大、腹痛等症状。

【治疗】宜选用阿苯达唑或吡喹酮投服用药，也可手术摘除棘球蚴或切除被感染的器官。

猪细颈囊尾蚴病

猪细颈囊尾蚴病是由泡状带绦虫于中绦期寄生于猪内脏器官表面引起的猪带绦虫蚴病。不同月龄的猪均可感染，主要侵害幼龄猪。本病分布较广，无明显的季节性，多呈慢性经过。病猪表现消瘦，黄疸，尿黄，耳尖发紫，臀部发紫，发育不良等症状；严重者可引起急性肝炎和腹膜炎，体温升高，腹部触诊敏感、腹围增大等。慢性疾病一般不显临诊症状。

【治疗】本病首选吡喹酮进行治疗。可用的口服治疗药物有敌百虫、硫双二氯酚等，同时应加强饲养管理。此外，还可用槟榔治疗，同时使用保肝护胆类药物辅助治疗效果更好。

猪鞭虫病

猪鞭虫病是由旋毛虫目、毛首科的猪毛首线虫寄生在猪盲肠和结肠内引起的一种线虫病。4月龄猪极易感染，而14月龄以上的猪很少发病。在卫生条件差的猪场，一年四季均可感染发病，但夏季感染率最高。在清洁卫生的猪场，多为夏季放牧感染，而在秋冬季出现临床症状。轻度感染者，表现轻度贫血，间性腹泻，被毛粗乱。严重感染时，表现精神沉郁，食欲减退，贫血，结膜苍白，顽固性腹泻，有时粪中夹有血丝甚至出现血便，拱腰吊腹，行走摇摆，体温39.5～40.5℃。

【治疗】治疗首选伊维菌素皮下注射或口服；同时，可选用左旋咪唑口服或肌内注射。阿苯达唑口服、羟嘧啶口服等均对鞭虫有一定的效果。

猪疥螨病

猪疥螨病是由疥螨寄生于猪的皮肤内引起的一种慢性外寄生虫病。各年龄、品种的猪均可感染，多发于5月龄以内的猪。本病各地都有发生，冬季和初春多见，尤其是阴雨天气发病较重。寄生部位皮肤出现红点、结节、结痂，甚至脓包等特征。病初从头部的眼周、颊部和耳根发病，后逐渐蔓延至背部、体侧和后肢内侧。患部剧痒，猪常因患处摩擦圈舍墙体而出现被毛脱落，渗出液增加，干后形成石灰色痂皮，皮肤增厚并出现皱褶或龟裂。

【治疗】本病治疗首选伊维菌素、多黏菌素或阿维菌素皮下注射，同时配合使用敌百虫水溶液洗擦患部；或者用硫黄、明矾混合后研磨、过筛，加棉籽油，搅浑后涂抹患部。对疥螨和葡萄球菌混合感染猪，同时配合肌内注射青霉素类（阿莫西林）等药物。

猪血虱病

猪血虱病是由血虱科、血虱属的猪虱寄生于猪体表引起的一种体外寄生虫病。各年龄阶段的猪均可感染，2～3月龄的仔猪发病症状较严重。一年四季均可感染，但以秋冬寒冷季节感染严重。育成猪体表的各阶段虱均是传染源，可通过直接接触感染，尤其在场地狭窄、猪只密集拥挤、管理不良时最易感染；也可通过垫草、饲养人员、用具等引起间接感染。血虱寄生会导致猪只皮肤局部痒感。患猪经常蹭痒，表现不安、食欲减退、消瘦等症状。此病会不同程度地影响猪只的生长性能，严重时还会造成局部皮肤脱毛和损伤。

【治疗】本病治疗首选伊维菌素皮下注射，同时使用敌百虫水溶液，进行喷洒或药浴。对于严重感染病例可使用溴氰菊酯或氰戊菊酯、辛硫磷、双甲脒等药物喷洒猪的皮肤和猪舍，同时配合使用伊维菌素注射液进行皮下注射。

第四节　其他疾病

产后泌乳障碍综合征

产后泌乳障碍综合征（PPDS）是由应激、激素不平衡、细菌感染及乳腺发育不全等因素引起以乳汁生成和排出部分或全部停止为主要特征的一种综合性疾病。多发生于母猪产后 72h 以内，夏季多发。主要临床症状是母猪精神差，厌食，饮水极少，无力，便秘，体温升高至 39.5～41℃，乳腺肿胀；产后泌乳减少，乳汁稀薄如水，乳汁中带有凝乳絮片；母猪拒绝给仔猪哺乳，致使仔猪生长缓慢和死亡率升高。严重者母猪出现全身症状。母猪中毒性无乳症的临床特征是突然发生厌食，对仔猪不关心，乳腺肿胀、低乳或无乳，中度发热，病程 2～3d。

【预防与治疗】病因确定后，其预防措施主要有以下几个方面：

（1）加强母猪的选配工作，并保持合适的体况，为哺乳奠定基础。

（2）保证产房良好的卫生消毒及接产工作，创造一个安静、干燥、舒适的环境。保持舍内空气新鲜，防止噪声干扰，尽量减少各种应激因素。

（3）该病病因复杂，猪场必须建立有效的生物安全体系，及时科学地进行饲料药物添加和疫苗注射，坚持预防为主，为猪群的健康状况提供保证。

因不好确定致病菌种类，宜使用广谱抗生素治疗，如青霉素、链霉素，肌内注射。同时给母猪肌内注射激素（催产素），加强卫生措施。还可抗菌和激素疗法相结合，如氟苯尼考或青霉素和链霉素与安乃近、催产素混合使用，肌内注射。

母猪繁殖障碍性疾病

母猪繁殖障碍性疾病又称繁殖障碍综合征，是由传染性和非传染性病因引起的母猪不育症及妊娠猪流产、产出死胎和木乃伊胎等为主要特征的一种疾病。繁殖障碍是一个综合症状，因其病因非常复杂，总的可分为传染性和非传染性因子。病因不同其临床症状表现也不同。母猪非传染性因素所致疾病的临床表现主要为青年母猪初情期迟缓，经产母猪断奶后不发情、配种后不受孕、发情微弱以及卵巢囊肿等。而传染性疾病所致母猪繁殖障碍的临床症状主要为妊娠母猪流产，母猪不孕，产出死胎、畸形胎、木乃伊胎、弱仔，早产、滞后产、不产仔等。

【预防与治疗】预防工作主要做好以下几个方面：

（1）封闭隔离式饲养，严格做好检疫工作和卫生消毒工作。

（2）提高饲养管理水平，给予哺乳母猪营养丰富的饲料，避免饲喂发霉变质或含霉菌毒素的饲料。

（3）猪场必须建立有效的生物安全体系，有组织和有计划地进行免疫是预防和控制繁殖障碍性疾病的关键措施。对于出现病情的母猪要早期诊断，明确病因，及时有针对性地进行紧急预防和治疗。

对于非传染性疾病引起的母猪繁殖障碍性疾病，宜首选对不孕母猪进行催情（公猪刺激、肌内注射激素如苯甲酸雌二醇和绒毛膜促性腺激素或孕马血清促性腺激素），同时加强饲养管理，调整饲料营养水平和饲喂量。

对于传染性病因引起的母猪繁殖障碍性疾病，因病因不同，其治疗方法也不同。病毒性疾病，一般采取注射灭活疫苗，消除传播媒介，对病死猪进行销毁处理的措施，及时隔离病猪，并给予一定的抗菌消炎药物对症治疗。细菌性疾病，可选用冻干疫苗进行预防，加强灭鼠，切断传播媒介，同时给予抗菌药物，如氟喹诺酮类（恩诺沙星）。寄生虫类疾病，可通过禁止在猪场内养犬、加强灭鼠，同时给予有效的抗寄生虫药物进行治疗。营养代谢病则可以通过在饲料或饮水中添加维生素等物质进行治疗。产科病，可使用子宫收缩药，如催产素、麦角新碱等相应激素进行治疗，提高母猪发情率、受胎率。

母猪产后泌尿生殖系统疾病

母猪产后泌尿生殖系统疾病是由急性乳腺炎、子宫内膜炎、膀胱炎-肾盂肾炎综合征和产褥热等泌尿生殖系统疾病引发的一种综合性疾病。母猪产后最容易患泌尿生殖系统疾病，给养猪生产造成很大损失。因病因不同其临床症状表现也不同，其主要病因的临床症状如下：急性和严重的乳腺炎出现坏死和化脓性炎症；患病母猪乳腺乳汁量少甚至无乳，乳汁异常，色黄浓稠，含有脓样絮状物或血，有的稀薄如水样。膀胱炎-肾盂肾炎综合征，多数病例母猪呈亚临床感染，体温、食欲、精神、尿液均无明显异常，但排尿次数增多，每次排尿量减少，尿液排完后，排尿动作仍持续；少数典型病例表现厌食、排尿频繁或排尿困难、血尿、脓尿。子宫内膜炎，食欲减退或废绝，体温升高，阴门红肿，不断从阴道流出黏性或脓性的红褐色、腥臭、污浊液体。产褥热，高热稽留（41～41.5℃），萎靡，战栗，食欲废绝，泌乳量骤减或无乳，磨牙，耳尖及肢端厥冷，呼吸急促，多数从阴门排出恶臭、红褐色污物，有的关节热痛，难以行走，极度衰竭或昏迷状。

【预防与治疗】因母猪产后泌尿生殖系统疾病的病因比较多，所以母猪产仔之前，首先要保证产仔舍良好的卫生消毒及接产工作，创造安静、干燥、舒适的产房环境条件。加强生物安全，尽量减少各种传染性因素。其次在分娩前 1d 至分娩后 2～3d，每天测母猪直肠温度，及早观察发现病猪，早治疗。产后立即或最迟 8h 内，对母猪全身使用抗生素（青霉素和链霉素、头孢噻呋或长效土霉素）。

宜选用庆大霉素、氟喹诺酮类等肌内注射给药。同时加强对症治疗，加强母猪产后饲养条件的管理。还可选用非甾体类（非类固醇）抗炎药（氟尼辛葡甲胺注射液）和抗内毒素药或糖皮质激素（地塞米松，孕猪禁用）同上述抗生素配合使用。

猪霉菌毒素中毒综合征

猪霉菌毒素中毒综合征是由于猪采食带有霉菌毒素的饲料引起的一种中毒性疾病。该病的发生与猪采食霉变饲料史密切相关，多群发。临床症状通常会在采食霉变饲料 2 周之内出现。毒素的种类不同，临床症状也不相同。慢性中毒者独处一隅，被毛粗乱，不明原因地食欲下降，甚至拒食、呕吐。病猪消瘦，四肢无力，拱背卷腹，生长速度缓慢。严重者皮肤表面出现紫色出血点，眼鼻周围皮肤呈蓝紫色，有的出现神经性抽搐和黄疸等症状。断奶仔猪和中小育肥猪发生腹泻。母猪伴有阴户、阴道发炎、出血，乳房隆起，发情异常，不孕等症状。已怀孕母猪经常出现流产，分娩期延长，死产或胎儿干尸化，丧失再孕能力。

【治疗】目前尚无治疗本病的特效药物。一旦发现中毒，应立即停喂霉变的饲料，更换新鲜优质饲料或在饲料中添加足够、有效的毒素吸附剂，然后按中毒病的治疗原则实施治疗。

（1）排毒：可用硫酸钠、液体石蜡与水灌服，排出肠内毒素，保护肠黏膜。

（2）对症治疗：出现脑水肿（神经症状时），用20％甘露醇，静脉注射，每天2次。

猪呼吸道病综合征

猪呼吸道病综合征是由多种细菌、病毒、支原体，加之环境应激等因素相互作用引起的呼吸道疾病的总称。妊娠母猪和仔猪最易感。猪呼吸道病综合征发病率25％～60％，病死率5％～10％，日龄越小的猪发病死亡率越高。本病不分大小、年龄及品种的猪均可感染发病，有时呈地方性流行，寒冷季节多发。其临床症状随猪群感染病原体不同表现不尽相同。其典型症状包括：呼吸困难、频率加快、咳嗽，喘气，打喷嚏和腹式呼吸，食欲减退甚至废绝，被毛粗乱，饲料利用率下降；生长缓慢，大小不均。本病临床可分为急性型与慢性型两种病性。急性病例表现体温升高，精神沉郁，食欲减退或不食。呼吸困难，呈腹式呼吸，气喘，咳嗽，流鼻涕。眼分泌物增多，有结膜炎症状。有的可突然死亡，有的可转为慢性病例。慢性型表现咳嗽、气喘，消瘦，生长缓慢，有的皮肤发白，有的腹泻。哺乳仔猪表现神经症状，死亡率高。有的怀孕母猪发生流产、产出死胎和木乃伊胎，返情率增加。剖检可见弥漫性间质性肺炎病变，多数病猪肺出血，呈橡皮和花斑样病变；淋巴结肿大、充血、出血等。

【预防与治疗】预防的关键是做好三方面的工作：

（1）封闭式生产，自繁自养，防止引入隐性感染猪带进传染源。

（2）严格实行全进全出的饲养方式，按照生产流程，从配种、妊娠、分娩、保育到生长育成全部采用全进全出的生产方式，做到同一栋猪舍的猪群同时全部转群或每批猪出栏后对猪舍进行全面彻底的清洗消毒，然后再放进新的猪群，避免交叉感染。

（3）该病病因复杂，猪场必须建立有效的生物安全体系，及时科学注射疫苗，坚持预防为主，为猪群的健康状况提供保证。

本病疫情时，应尽快诊断，确定病原，采用综合治疗方法，方可收到较好的治疗效果。常用的治疗药物有氟苯尼考、恩诺沙星、庆大霉素、土霉素、阿莫西林、磺胺类药物等。在治疗时应针对不同病原，采用敏感抗菌药物或联合用药。治愈后还需坚持用药 2d，以免疾病出现反复。

猪疫苗过敏反应

猪疫苗过敏反应是由抗原、抗体相互作用引起的一种急性疾病，是变态反应的一种，又称 I 型变态反应或速发型超敏反应。各生长阶段的猪都可发生，尤其是良种仔猪和瘦弱的小仔猪更易发。猪注射疫苗常发生过敏反应，概率一般为 1%～2%。各种不同的疫苗均可引起过敏反应，主要由于抗原、抗体相互作用而引起，同时还与疫苗本身的质量问题、操作不当、猪个体的免疫水平或过敏体质、隐性带毒和条件应激等多种因素有关。本病不具有流行性。其临床表现，可分为全身性过敏和局部性过敏反应两大类。全身性过敏反应最初的症状有急性呼吸困难，心跳加快，口吐白沫，有的呕吐；全身皮肤及黏膜发绀（蓝紫色），尤以鼻吻、耳部、眼圈等处较为明显；后肢站立不稳，走路摇摆，倒地后四肢伸直划动；也有的因膀胱和肠道平滑肌收缩而引起频频排尿、排粪；严重者表现虚脱休克。局部性过敏反应症状因发生部位不同而不同，如发生在皮肤可引起荨麻疹和皮肤红肿等；发生在消化道引起腹痛、下痢；发生在呼吸道则引起支气管痉挛，出现呼吸困难和哮喘等。

【预防与治疗】在给猪群注射疫苗时须提前预备急救药品和注射器具，注射疫苗后，应由专人巡回观察，如有过敏反应一定要做到早发现、早抢救。换用不同厂家和批次的疫苗时，最好先给少量猪注射，观察 1h 无异常后，再对全群猪进行免疫注射。

肾上腺素具有兴奋心肌、升高血压、松弛支气管平滑肌等作用，故可缓解过敏性休克的症状。用于缓解休克状态的作用最快，治愈率最高。地塞米松磷酸钠注射液是糖皮质激素类药物，具有增加心血输出量，降低周围血管阻力，扩张小动脉，改善微循环和增强机体抗休克的能力。体温超过40℃的病猪，使用安乃近或复方氨基比林注射液。心脏衰弱、皮肤发绀时，可使用安钠加或樟脑磺酸钠注射液，同时注意保温，将病猪置于安静通风处，给予充足清洁的饮水。轻度过敏反应者在适宜的环境下，1～2d内症状可减轻或消失，以不用任何药物为好。

第四章

兽药残留与食品安全

兽药残留是指食品动物在应用兽药后残存在动物产品的任何食用部分（包括动物的细胞、组织或器官，泌乳动物的乳或产蛋家禽的蛋）中与所用药物有关的物质的残留，包括药物原形或/和其代谢产物。食品中兽药残留问题在国内外影响广泛和颇受关注，与公众的健康息息相关，也直接关系到养殖业的经济利益和可持续发展，影响国家的对外经贸往来和国际形象。兽药残留是动物用药后普遍存在的问题，又是一个特殊的问题。

一、兽药残留的来源

兽药残留主要是指化学药物的残留，生物制品一般不存在残留问题。中兽药在我国已经有几千年的应用历史，一般毒性较低，有的可以药食同源；虽然对中兽药一些活性成分的主要作用包括药理毒理作用尚不明晰，但因其有效成分含量较低，所以，中兽药的残留问题一般暂不考虑。

食品动物用药途径一般包括饲料、饮水、口服、喷雾、注射等方式，常常因为用药不规范而导致兽药残留。此外，环境污染或其他途径进入动物体内的药物或其他化学物质也可能导致残留。

二、兽药残留的主要原因

发生兽药残留的原因较多，但主要是因为不规范使用导致的。常见的原因主要是：

（1）不按照兽医师处方、兽药标签和说明书用药。兽药的适应证、给药途径、使用剂量、疗程都有明确规定，也都在标签和说明书载明。但有的养殖场（户）没有执业兽医师服务，或者有执业兽医师但不执行处方药制度，或不在执业兽医师监管下用药，或者不按照兽药标签和说明书用药。

（2）不遵守休药期规定。休药期（Withdrawal Period）是指食品动物最后一次使用兽药后到动物可以屠宰或其产品（蛋、奶）可以供人消费的间隔时间。这是兽药制剂产品的一项重要规定，食品动物在使用兽药后，需要有足够的时间让兽药从动物体内尽量排出，最终动物性产品（肉、蛋、奶）中兽药残留量不会超过法定标准。不遵守休药期，动物组织中的兽药残留极易超标。

（3）使用未批准在该食品动物使用的药物。未经批准的药物，一般都没有明确的用法、用量、疗程和休药期等规定，使用后难以避免残留超标。

（4）饲料中添加药物且不标明。有的饲料中可能已经添加了药物，但却不在标签中标明药物品种和浓度，养殖者在不知情时重复用药，造成残留超标。

（5）非法使用国家禁止使用的物质。如使用违禁物质克伦特罗作为促生长剂，运输动物时使用镇静药物防止动物斗殴等。这些也是造成动物性食品中有害物质残留的原因，属国家严厉打击的范围。

三、兽药残留的危害

概括起来，兽药残留对人体健康和公共卫生的危害主要有如下几方面：

（1）一般毒性作用。一些兽药或添加剂都有一定的毒性作用，如氨基糖苷类抗生素有较强的肾毒性和耳毒性等。人若长期摄入含有该类药物残留的动物性食品，随着药物在体内的蓄积，可能产生急性或（和）慢性毒性作用。

（2）特殊毒性作用。一般指致畸作用、致突变作用、致癌作用和生殖毒性作用等。农业部撤销的兽药中如硝基咪唑类、喹乙醇、卡巴氧、砷制剂等有致癌作用，苯并咪唑类、氯羟吡啶等有致畸和致突变作用。特殊毒性作用对人体健康危害极大。

（3）过敏反应。如青霉素等在牛奶中的残留可引起人体过敏反应，严重者可出现过敏性休克并危及生命。

（4）激素样作用。使用雌激素、同化激素等作为动物的促生长剂，其残留物除有致癌作用外，还对人体产生其他有害作用，超量残留可能干扰人的内分泌功能，破坏人体正常激素平衡，甚至致畸、引起儿童性早熟等。

（5）对人胃肠道菌群的影响。含有抗菌药物残留的动物性食品可能对人胃肠道的正常菌群产生不良的影响，致使平衡被破坏，病原菌大量繁殖，损害人体健康。另外，胃肠道菌群在残留抗菌药的选择压力下可能产生耐药性，使胃肠道成为细菌耐药基因的重要贮藏库。

第二节　兽药残留的控制与避免

兽药残留是现代养殖业中普遍存在的问题，但是残留的发生并非不可控制与避免。实际上，只要在养殖生产中严格按照标签或说明书规定的用法与用量使用，不随意加大剂量，不随意延长用药时间，不使用未批准的药物等，兽药残留的超标是可以避免的。然而，就目前我国养殖条件下，把兽药残留降低到最低限度还需要下很大力气。保证动物性产品的食品安全，是一项长期而艰巨的任务，关系到各方面的工作。

一、规范兽药使用

在养殖生产中规范使用兽药方面，严格遵守相关规范：

（1）严格禁用违禁物质。为了保证动物源性食品的安全，我国兽医行政管理部门制定发布了《食品动物禁用的兽药及其他化合物单》，兽医师和食品动物饲养场均应严格执行这些规定。出口企业，还应当熟知进口国对食品动物禁用药物的规定，并遵照执行。

（2）严格执行处方药管理制度。所谓兽用处方药，是指凭兽医师开写处方才可购买和使用的兽药。处方药管理的一个最基本的原则就是兽药要凭兽医的处方方可购买和使用。因此，未经兽医开具处方，任何人不得销售、购买和使用处方药。通过兽医开具处方后购买和使用兽药，可防止滥用兽药尤其抗菌药，避免或减少动物产品中发生兽药残留等问题。

（3）严格依病用药。就是要在动物发生疾病并诊断准确的前提下才使用药物。与过去相比，我国养殖业在养殖规模、养殖条件、管理水平、人员素质方面都有很大的进步。但是规模小、条件差、管理落后的小型养殖场（户）仍然占较大的比例。这些养殖场依靠使用药物来维持动物的健康，存在过度用药，滥用药物严重问题，发生兽药残留的风险极大，也带来较大的药物费用，应当摒弃这种思维和做法。

（4）严格用药记录制度。要避免兽药残留必须从源头抓起，严格执行兽药使用记录制度。兽医及养殖人员必须对使用的兽药品种、剂型、剂量、给药途径、疗程或给药时间等进行登记，以备检查与溯源。

二、兽药残留避免

兽药残留是动物用药后普遍存在的问题，要想避免动物性产品中兽药残留，需要做好以下工作：

（1）加强对饲料加药的管控。现代养殖业的动物养殖数量都比较大，因此用药途径多为群体给药，饲料和饮水给药是最为方便、简捷、实用、有效的方法。然而，通过饲料添加方式给药的兽药品种需要经过政府主管部门的审批，饲料厂和养殖场都不得私自在饲料中添加未经批准的兽药。其次，某些饲料生产厂生产的商品饲料中不标明添加的药物，因而可能导致养殖场的重复用药，从而带来兽药残留超标的风险。

（2）加强对非法添加物的检测。目前兽药行业仍然存在良莠不齐、同质化严重的现象，兽药产品在销售竞争中仍然以价格低而取胜，因此兽药产品中处方外添加药物的现象仍然较为多见。此外，一些兽药企业非法生产未经批准的复方产品也属于非法添加产品。这些产品因为没有经过临床疗效、残留消除试验获得正式批准，所以其休药期是不确定的，增加了发生残留的风险。

（3）严格执行休药期规定。兽药残留产生的主要原因是没有遵守休药期规定，因此严格执行休药期规定是减少兽药残留发生的关键措施。药物的休药期受剂型、剂量和给药途径的影响。此外，联合用药由于药动学的相互作用会影响药物在体内的消除时间，兽医师和其他用药者对此要有足够的认识，必要时要适当延长休药期，以保证动物性食品的安全。

（4）杜绝不合理用药。不合理用药的情形包括不按标签或说明书的规定用药以及盲目超剂量、超疗程用药等，其极易导致兽药残留超标的发生。因为动物代谢药物的能力有限，加大剂量可能会延长药物在动物体内的消除时间，出现残留超标。

三、实施残留监控

为保障动物性食品安全，我国农业部 1999 年启动动物及动物性产品兽药残留监控计划，自 2004 年起建立了残留超标样品追溯制度，建立了 4 个国家兽药残留基准实验室。至今，我国残留监控计划逐步完善，检测能力和检测水平不断提高，残留监控工作取得长足进步。实践证明，全面实施残留监控计划是提高我国动物性食品质量、保证消费者安全的重要手段和有效措施。

做好我国兽药残留监控工作，一是要强化兽药使用监管，严格执行处方药制度，执业兽医师要正确使用兽药。二是要加强兽药残留检测实验室的能力建设，完善实验室质量保证体系。三是要以风险分析结果为依据，准确掌握兽药使用动态和残留趋势，确定合理的抽检范围和数量，科学制定残留监控年度计划。四是要系统开展残留标准制定和修订工作，为残留监控提供有力的技术支撑。

政府发布的动物性产品中允许的最高残留限量标准，是一个法定的标准，其限量是不允许超过的。科学上来讲，这个最高残留限量标准是经过对兽药测定未观察到副作用的剂量（No Observed Effect Level，NOEL），依此评价推断出每日允许摄入量（Acceptable Daily Intake，ADI），再根据每人每日消费的食物系数，计算出动物性产品中最高残留限量（Maximum Residue Limits，MRL）。每日允许摄入量是指人一生每天都摄入后也不产生任何危害的量，是科学评判兽药残留是否危害健康的量。

第五章

合理用药与耐药性控制

　　自青霉素被发现以来，抗菌药物已经成为减少人和动物感染性疾病发病率和死亡率不可缺少的药物。抗菌药物引入兽医后，显著地提高了动物的健康和生产力。但是，随着细菌耐药性在许多病原菌的出现、传播和持久存在，使抗菌药物的疗效降低，这已成为一个普遍的医学难题，严重威胁到医学临床和兽医临床对感染性疾病的治疗。细菌对抗菌药物耐药性的出现并不意外，青霉素发明者 Alexander Fleming 在 1945 年获诺贝尔奖的演讲中就警告人们不要滥用青霉素。

　　目前应用于医学和兽医临床的所有抗生素的耐药机制都有报道。由耐药菌导致的感染会比敏感菌导致的感染更加频繁地引起高发病率和高死亡率。耐药菌的存在导致治疗时间延长、治疗费用增加，特殊情况下会导致感染无法治愈。尽管在过去不断有新型或者旧药的改进型药物被研发出来，但耐药机制的系统出现增加了新药的研发难度，增加了研发费用和时间。因此，做好对现有抗菌药物的可持续管理以及新抗菌药物的研发，对保护人类和动物抵御传染性病原微生物感染非常重要。

第一节　细菌耐药性产生原因及危害

一、耐药机制与耐药类型

　　已经发现和确定的耐药机制，主要分为四类：①通过减少药物渗透到细菌内而阻止抗菌药物到达作用靶点；②药物被特异或普通的外排泵驱出细胞外；③药物在细胞外或进入细胞后，被降解或者通过修饰作用改变药物结构，使其失去活性；④抗菌药物的作用位点被改变或者被其他小分子所保护，从而阻止抗菌药物与作用靶点的结合，抗菌药物因此不能发挥作用。或者抗菌药物的作用位点被微生物以其他方式捕获和激活。

细菌对抗生素的耐药性主要有三个基本类型：分别是敏感型、固有耐药型和获得性耐药型。

固有耐药型是与生俱来的对抗菌药物的耐药性，一个特定细菌组（如属、种、亚种）内的所有细菌都是天然耐药，主要是因为细菌固有的结构或者生化特征而产生的耐药作用。例如：革兰氏阴性菌对大环内酯类药物具有固有耐药性，因为大环内酯类药物太大，不能到达细胞质内的作用位点。厌氧菌对氨基糖苷类具有固有耐药性，因为在厌氧环境下氨基糖苷类不能渗透到细胞内。革兰氏阳性菌的细胞质膜中缺乏胆胺磷脂，从而对多黏菌素类药物具有固有耐药性。

获得性耐药型可以显示从只针对某一种药物、同一类药物中的几种、对同类药物的全部，到甚至对多种不同类别药物的耐药。通常一个耐药决定簇只编码对一类药物（如氨基糖苷类、β-内酰胺类、氟喹诺酮类药物）中的一种或者几种药物的耐药性或者编码几类相关药物（如大环内酯类-林可胺类-链阳菌素类药物）的耐药性。但是也有一些耐药决定簇编码对多类药物的耐药性。

二、耐药性的获得

细菌对抗生素产生耐药性主要有以下三种方式：与生理过程和细胞结构相关的基因发生突变、外源耐药基因的获得以及这两种方式的共同作用。通常情况下，细菌以低频率持续发生内在突变，由此导致偶然的耐药性突变。但是当微生物受到压力（比如病原微生物受到宿主免疫防御和抗菌药物的胁迫）时，细菌群体突变的频率就会增大。

细菌可以通过三种不同方式获得外源 DNA。①转化作用：天然的感受态细胞摄取外界环境中的游离的 DNA 片段；②转导作用：通过噬菌体将遗传物质从一个细菌转移到另一个细菌中；③接合作用：像交配一样通过质粒实现细菌间遗传物质的转移。

能够在细胞内或细胞间的基因组内转移的遗传元件，可以分为四类：①质粒；②转座子；③噬菌体；④可自我剪接的小分子寄生虫。

三、耐药性的传播和稳定性

耐药性的流行和传播是自然选择的结果。在大量细菌中，只有具有抵抗有毒物质特性的少量细菌才能存活；而那些不含有这一优势特征的敏感菌株则会被淘汰，留下来的都是耐药性群体。在一个特定环境中，随着抗菌药物的长期使用，细菌的生态平衡会发生剧烈的变化，不太敏感的菌株会成为主体。当上述情况发生的时候，在多种宿主体内，耐药性共生菌和条件致病菌会快速替代原有敏感菌群定植成为优势菌群。当新的抗菌药物上市或对现有抗菌药物使用实施限制时，细菌的耐药性发生频率就会出现改变。

当细菌暴露于一种抗生素时，会共同选择产生对其他不相关的药物也产生耐药性。在细菌对抗生素产生耐药性的过程中可能还会存在非抗生素的选择压力。越来越多的证据表明，消毒剂和杀虫剂也可以促进细菌耐药性的产生。以上不仅可以导致细菌对多种抗生素的耐药决定簇的聚集，还可能形成对重金属及消毒剂等非抗生素物质的抗性基因丛，甚至还会产生毒力基因。

当细菌不需要携带的抗生素耐药基因时，对其而言就是一种负担。所以当细菌菌群不面对抗生素选择压力时，无耐药基因的敏感菌会成为优势菌群，那么整个菌群就会慢慢地逆转回到一个对抗生素敏感的状态。

四、耐药性对公共卫生的影响

20 世纪 60 年代英国发布的报告中就提出，在兽医临床和食用动物生产过程中使用抗生素是造成食源性致病菌耐药性的重要原因。在农业生产中，抗生素的使用可能会帮助筛选耐药菌株，这些耐药菌株可能通过直接接触或摄入被耐药菌污染的食物及水传播给人。关于耐药菌在动物和处于风险之中的人（农民、屠宰工人和兽医）之间传播的例子有许多。除了养殖场的动物，还有人与其密切接触的宠物，也会成为耐药菌及耐药基因传播的重要来源。因为人们认为动物性食品是具有耐药性的人肠道外致病性大肠杆菌的储库，导致人发生疾病甚至难以治愈的风险。因此，动物性食品生产中使用抗菌药物，特别是作促生长使用受到极大关注。

随着抗菌药物在动物中使用及人畜共患病病原菌耐药性的增强，抗菌药物耐药性问题已经成为一个全球性公共卫生和动物卫生焦点。因为耐药性的发生、传播和持续存在，细菌中普遍存在的耐药性，让人觉得抗菌药物的益处将会消失，人们怀疑在未来几年里临床是否还有可以使用的抗菌药物。虽然耐药性的产生是一个不可避免的生物学现象，我们面对的挑战就是如何阻止耐药性的进一步发展和持续存在，并防止它成为现代医学发展的障碍。

在动物上使用抗生素会对人类病原菌耐药性产生负面影响，是有确切的数据的。因为动物性食品如沙门氏菌、弯曲杆菌的污染导致人们消费这些产品而发生腹泻的病例时有发生，甚至有这些细菌的耐药菌株感染病例发生。因此，需要加强在动物上使用抗生素对人类致病菌产生耐药性的风险管控，并制订相应的预防措施。

第二节 遏制抗菌药物耐药性

一、抗菌药物耐药性监测

为了遏制细菌耐药性的进一步发展与蔓延，世界卫生组织（WHO）、联合国粮农组织（FAO）和世界动物卫生组织（OIE）都要求成员国开展耐药性监测，涉及三个领域：人医临床耐药性监测、食品动物细菌耐药性监测和食源性细菌耐药性监测。涵盖了从动物、动物产品到人的食品链过程。动物源细菌耐药性监测主要针对公共卫生菌，包括大肠杆菌、肠球菌、金黄色葡萄球菌、沙门氏菌和弯曲杆菌开展，也可以针对动物病原菌开展。其中大肠杆菌和肠球菌为指示菌，分别代表 G^- 菌指示菌和 G^+ 菌指示菌。金黄色葡萄球菌、沙门氏菌和弯曲杆菌则为食源性公共卫生菌。通常在养殖场（生产环节）采集动物肛拭子获得大肠杆菌、肠球菌，以及在屠宰厂采集动物胴体、盲肠分离沙门氏菌和弯曲杆菌，经过加有标准菌株作为对照的药物敏感性测试系统，获得动物性食品生产、屠宰加工环节的动物源细菌的耐药性变化情况。

目前，耐药性判定标准有欧盟抗菌药物敏感性检测委员会（EUCAST）制订的流行病学折点（Ecoff）和美国临床化验所（CLSI）制订的临床折点。细菌获得耐药性，常使最小抑菌浓度（Minimum inhibitory concentration，MIC）值发生改变，但它并不能导致临床相关的耐药性水平。作为耐药性监测，反映的是药物与细菌之间的关系，采用流行病学折点作为判定标准更加科学。而作为用药指导，则应采用临床折点。由于细菌获得性耐药机制的存在，导致对抗菌药物的敏感性和临床疗效降低。因此，应确定感染动物的每种细菌针对每一个抗菌药物的流行病学临界值、PK/PD临界值和临床折点。

二、抗菌药物使用监测

当细菌暴露于抗菌药物时，因为面临抗菌药物的压力就会选择产生耐药性。那么，人们自然而然地就会认为如果不使用抗菌药物，也就自然地不会发生耐药性！道理是这样的。但是养殖实际中完全不使用抗菌药物是不现实的，也是不可能的，关键是合理使用抗菌药物。只在动物发生感染性疾病时才使用抗菌药物，尽可能地减少抗菌药物的使用量，或者以其他替代办法如加强生物安全、疫苗免疫、卫生消毒等基本措施。

近年来，许多国家都制定了抗菌药物谨慎使用的指导原则。总结起来，关于抗菌药物的谨慎负责任使用，也可以用以下 5R 原则予以概括。

负责任（Responsibility）：处方兽医要承担决定使用抗菌药物的责任，并且要充分认识到这种使用可能会产生超出预期的不良后果。处方兽医要知道这种使用所带来的利益，以及推荐的风险管理措施，以减少发生任何即时或长期不利影响的可能性。

减少（Reduction）：任何可能情况下都应实施减少抗菌药物使用的措施，包括加强感染控制、生物安全、免疫接种、动物个体的精准治疗或减少治疗持续时间。

优化（Refinement）：每次使用抗菌药物都应考虑给药方案的设计，利用所有关于病畜、病原菌、流行病学、抗菌药物（特别是动物特异性药代动力学和药效动力学特性）的信息，确保选用的抗菌药物产生耐药性的可能性最小化。负责任地使用就是正确选用药物、正确的给药时间、正确的给药剂量和正确的给药持续时间。

替代（Replacement）：任何时候有证据支持替代物安全有效，处方兽医经过评价权衡利弊后认为，替代物比抗菌药物有优势，就应该使用替代物。

评估（Review）：对抗菌药物管理的举措必须定期予以评估，并持续改进，以保证抗菌药物的使用规范适用并反映目前的最佳选择。

许多国家特别是欧盟国家，根据动物产品的产量，规定每生产1t肉使用抗菌药物50g，甚至北欧国家已经达到20g。我国关于抗菌药物的实际使用情况还不明了。根据对兽药企业的生产调查情况来看，抗菌药物使用总量和每吨肉使用量均居世界首位。需要尽快建立抗菌药物使用的监测网络和体系。

使用监测数据一般包括两个方面：抗菌药物使用总量和各种类药物的使用量。抗菌药物使用总量可以了解每生产1t肉使用的抗菌药物量。按抗菌药物类别进行划分归属，统计每个药物的使用量，可以帮助了解与耐药性发生之间的关系。通常统计养殖场年度采购后库房中抗菌药物制剂的进货（或出货）总量，根据制剂的含量（抗生素以效价单位标示时需要转换成重量含量）和规格计算出药物成分的总量，从而可以获得抗菌药物使用总量。再以年度动物生产量为基数，统计出每1t肉使用抗菌药物的量。

三、抗菌药物耐药性风险评估

兽药风险评估是一个现代意义上对上市前后兽药进行的评价、再评价工作。它是系统地采用科学技术及信息，在特定条件下，对动植物和人或环境暴露于新兽药后产生或将产生不良效应的可能性和严重性的科学评价。风险评估一般有定性评估和定量评估之分。包括四个步骤：危害识别、危害特征描述、暴露评估、风险特征描述。抗菌药物耐药性风险评估属于上市之后兽药的再评价工作。

过去几十年里，使用低浓度的抗菌药物可以有效地提高饲料转化率、促进动物增重，而且还减少了食品动物在运输过程中的应激反应。大多数用于动物的抗菌药物在人类医学上都有相应的类似物，并能为人医用抗生素选择耐药性。欧盟于20世纪90年代取消了抗菌药物用于动物促生长，但并未开展风险评估。欧盟于 1999 年开展了氟喹诺酮类药物对伤寒沙门氏菌的定性风险评估。美国首先于 2004 年开展了动物使用链阳菌素类药物（维吉尼亚霉素）在屎肠球菌耐药性的定量风险评估。依据风险评估于 2007 年撤销了在家禽使用恩诺沙星。

为防止动物源细菌耐药性进一步恶化，全球性禁止抗菌促长剂的使用已经势在必行。然而，截至目前我国仍然允许土霉素钙、金霉素、吉他霉素、杆菌肽、那西肽、阿维拉霉素、恩拉霉素、维吉尼亚霉素、黄霉素 9 种抗生素作为动物促生长使用。其中，前 3 种属于人兽共用抗生素，后 6 种为动物专用抗生素。兽药主管部门认识到抗菌药物作动物促生长使用带来的耐药性恶化的风险，已经安排进行耐药性监测，并根据耐药性变化趋势经过风险评估后做出是否退出的决定。

四、抗菌药物耐药性风险管理

为了延缓动物源细菌的耐药性恶化，促进养殖业健康发展，避免出现无抗菌药物可选择的窘境，需要有区别地针对促生长使用的抗菌药物做出不同的限制措施。作为控制抗生素耐药性措施的一部分，2012 年美国 FDA 颁布了 209 号制药工业指南，即"医疗重要的抗生素在食品动物的谨慎使用"；主要集中于两个方面：①限制医学上重要的抗生素在食品动物使用，除非保证食品动物健康有必要；②抗生素在食品动物中的限制使用需要兽医的监督和指导。过去 10 多年来，我国兽药主管部门采取了一系列控制措施，早在 2001 年就以 168 号公告发布《饲料药物添加剂使用规范》。将通过饲料添加的药物分为不需要兽医处方可自行添加的和需要兽医处方才可添加的。2013 年，以 1997 号公告发布了第一批兽用处方药品种目录，目前兽医临床允许使用的各种抗菌药物都收录其中。2015 年，以 2292 号公告发布规定，禁止在食品动物中使用洛美沙星、培氟沙星、氧氟沙星、诺氟沙星4种抗菌药。2015年7月发布了《全国兽药（抗菌药）综合治理五年行动方案》，计划用五年时间开展系统、全面的兽用抗菌药滥用及非法兽药综合治理活动，以进一步加强兽用抗菌药（包括水产用抗菌药）的监管，提高兽用抗菌药科学规范使用水平。2016年7月，以2428号公告发布规定，停止硫酸黏菌素用于动物促生长，只允许作治疗使用。2016年7月起，农业部实施兽药产品电子追溯码（二维码）标识，我国生产、进口的所有兽药产品需加施"二维码"上市销售，实现全程追溯。2017年5月成立了"全国兽药残留与耐药性控制专家委员会"，为推进兽药残留控制、动物源细菌耐药性防控工作提供技术支撑。

对抗菌药物作动物促生长使用，通过风险评估后要分别采取不同的风险管理措施。如果属于人类医疗极为重要的抗菌药物，则需要停止作动物的促生长使用；属于动物专用的抗菌药物促生长剂，如果极易产生耐药性甚至与其他抗菌药物交叉耐药，也需停止作动物的促生长使用；属于动物专用的抗球虫抗生素，由于与人类健康没有太大关系，可以继续作动物的促生长使用。

总体来讲，遏制细菌耐药性的进一步恶化，需要采取多种综合措施。包括生物安全、环境卫生消毒、厩舍通风、动物福利、加强营养、防止饲料霉变与酸化处理等，保障养殖的动物舒适健康。从动物使用抗菌药物方面来讲，动物诊疗机构、养殖场需要严格执行处方药管理制度，加强对抗菌药物遴选、采购、处方、兽医临床应用和效果评价的管理，并根据细菌培养及药物敏感试验结果选择使用抗菌药物。

附录 1　猪的生理参数

体温 (℃)	心率 (成年猪) (次/min)	呼吸频次 (躺卧状态) (次/min)	血压(不麻醉状态) (mmHg)		红细胞 数量 (10¹²/L)	白细胞 数量 (10⁹/L)	血小板 数量 (10⁹/L)	血红蛋白 含量 (g/dL)	红细胞 压积 (%)
			收缩压	舒张压					
39.2 (38.7~39.8)	60~80	19(15~24)	169 (144~185)	108 (98~120)	8~18	7~20	130~450	10~16	32~50

血液 pH	尿液 pH	乳脂率(%)	饮水量 (成年猪) (L/d)	饲料量 (成年猪) (kg/d)	性成熟 年龄 (月龄)	繁殖 适龄期 (月龄)	成熟时 体重 (kg)	妊娠期 (d)
7.57 (7.36~7.79)	6.5~7.8	2.7~7.7	3.8~5.7	1.8~3.6	4~5	6~8	100	114

哺乳期(d)	排便量(成年猪) (kg/d)	平均寿命(年)	产仔数(只)
28	2.7~3.2	16	8~10

注:1mmHg=133.322Pa。

我国禁止使用的兽药及化合物清单

一、禁止在饲料和动物饮用水中使用的药物品种目录（农业部公告第 176 号，2002 年）

（一）肾上腺素受体激动剂

1. 盐酸克仑特罗（Clenbuterol Hydrochloride）：中华人民共和国药典（以下简称药典）2000 年二部 P605。β_2 肾上腺素受体激动药。

2. 沙丁胺醇（Salbutamol）：药典 2000 年二部 P316。β_2 肾上腺素受体激动药。

3. 硫酸沙丁胺醇（Salbutamol Sulfate）：药典 2000 年二部 P870。β_2 肾上腺素受体激动药。

4. 莱克多巴胺（Ractopamine）：一种 β 兴奋剂，美国食品和药物管理局（FDA）已批准，中国未批准。

5. 盐酸多巴胺（Dopamine Hydrochloride）：药典 2000 年二部 P591。多巴胺受体激动药。

6. 西巴特罗（Cimaterol）：美国氰胺公司开发的产品，一种 β 兴奋剂，FDA 未批准。

7. 硫酸特布他林（Terbutaline Sulfate）：药典 2000 年二部 P890。β_2 肾上腺受体激动药。

（二）性激素

8. 己烯雌酚（Diethylstibestrol）：药典 2000 年二部 P42。雌激素类药。

9. 雌二醇（Estradiol）：药典 2000 年二部 P1005。雌激素类药。

10. 戊酸雌二醇（Estradiol Valerate）：药典 2000 年二部 P124。雌激素类药。

11. 苯甲酸雌二醇（Estradiol Benzoate）：药典 2000 年二部 P369。雌激素类药。中华人民共和国兽药典（以下简称兽药典）2000 年版一部 P109。雌激素类药。用于发情不明显动物的催情及胎衣滞留、死胎的排出。

12. 氯烯雌醚（Chlorotrianisene）：药典 2000 年二部 P919。

13. 炔诺醇（Ethinylestradiol）：药典 2000 年二部 P422。

14. 炔诺醚（Quinestrol）：药典 2000 年二部 P424。

15. 醋酸氯地孕酮（Chlormadinone acetate）：药典 2000 年二部 P1037。

16. 左炔诺孕酮（Levonorgestrel）：药典 2000 年二部 P107。

17. 炔诺酮（Norethisterone）：药典 2000 年二部 P420。

18. 绒毛膜促性腺激素（绒促性素）（Chorionic Gonadotrophin）：药典 2000 年二部 P534。促性腺激素药。兽药典 2000 年版一部 P146。激素类药。用于性功能障碍、习惯性流产及卵巢囊肿等。

19. 促卵泡生长激素（尿促性素主要含卵泡刺激 FSHT 和黄体生成素 LH）（Menotropins）：药典 2000 年二部 P321。促性腺激素类药。

（三）蛋白同化激素

20. 碘化酪蛋白（Iodinated Casein）：蛋白同化激素类，为甲状腺素的前驱物质，具有类似甲状腺素的生理作用。

21. 苯丙酸诺龙及苯丙酸诺龙注射液（Nandrolone phenylpropionate）：药典 2000 年二部 P365。

（四）精神药品

22.（盐酸）氯丙嗪（Chlorpromazine Hydrochloride）：药典 2000 年二部 P676。抗精神病药。兽药典 2000 年版一部 P177。镇静药。用于强化麻醉以及使动物安静等。

23. 盐酸异丙嗪（Promethazine Hydrochloride）：药典 2000 年二部 P602。抗组胺药。兽药典 2000 年版一部 P164。抗组胺药。用于变态反应性疾病，如荨麻疹、血清病等。

24. 安定（地西泮）（Diazepam）：药典 2000 年二部 P214。抗焦虑药、抗惊厥药。兽药典 2000 年版一部 P61。镇静药、抗惊厥药。

25. 苯巴比妥（Phenobarbital）：药典 2000 年二部 P362。镇静催眠药、抗惊厥药。兽药典 2000 年版一部 P103。巴比妥类药。缓解脑炎、破伤风、士的宁中毒所致的惊厥。

26. 苯巴比妥钠（Phenobarbital Sodium）：兽药典 2000 年版一部 P105。巴比妥类药。缓解脑炎、破伤风、士的宁中毒所致的惊厥。

27. 巴比妥（Barbital）：兽药典 2000 年版二部 P27。中枢抑制和增强解热镇痛。

28. 异戊巴比妥（Amobarbital）：药典 2000 年二部 P252。催眠药、抗惊厥药。

29. 异戊巴比妥钠（Amobarbital Sodium）：兽药典 2000 年版一部 P82。巴比妥类药。用于小动物的镇静、抗惊厥和麻醉。

30. 利血平（Reserpine）：药典 2000 年二部 P304。抗高血压药。

31. 艾司唑仑（Estazolam）。

32. 甲丙氨脂（Meprobamate）。

33. 咪达唑仑（Midazolam）。

34. 硝西泮（Nitrazepam）。

35. 奥沙西泮（Oxazepam）。

36. 匹莫林（Pemoline）。

37. 三唑仑（Triazolam）。

38. 唑吡旦（Zolpidem）。

39. 其他国家管制的精神药品。

（五）各种抗生素滤渣

40. 抗生素滤渣：该类物质是抗生素类产品生产过程中产生的工业三废，因含有微量抗生素成分，在饲料和饲养过程中使用后对动物有一定的促生长作用。但对养殖业的危害很大，一是容易引起耐药性，二是由于未做安全性试验，存在各种安全隐患。

二、食品动物禁用的兽药及其他化合物清单（农业部公告第 193 号，2002 年）

序号	兽药及其他化合物名称	禁止用途	禁用动物
1	β-兴奋剂类：克仑特罗 Clenbuterol、沙丁胺醇 Salbutamol、西马特罗 Cimaterol 及其盐、酯及制剂	所有用途	所有食品动物
2	性激素类：己烯雌酚 Diethylstilbestrol 及其盐、酯及制剂	所有用途	所有食品动物
3	具有雌激素样作用的物质：玉米赤霉醇 Zeranol、去甲雄三烯醇酮 Trenbolone、醋酸甲孕酮 Mengestrol Acetate 及制剂	所有用途	所有食品动物
4	氯霉素 Chloramphenicol 及其盐、酯（包括：琥珀氯霉素 Chloramphenicol Succinate）及制剂	所有用途	所有食品动物
5	氨苯砜 Dapsone 及制剂	所有用途	所有食品动物

（续）

序号	兽药及其他化合物名称	禁止用途	禁用动物
6	硝基呋喃类：呋喃唑酮 Furazolidone、呋喃它酮 Furaltadone、呋喃苯烯酸钠 Nifurstyrenate sodium 及制剂	所有用途	所有食品动物
7	硝基化合物：硝基酚钠 Sodium nitrophenolate、硝呋烯腙 Nitrovin 及制剂	所有用途	所有食品动物
8	催眠、镇静类：安眠酮 Methaqualone 及制剂	所有用途	所有食品动物
9	林丹（丙体六六六）Lindane	杀虫剂	所有食品动物
10	毒杀芬（氯化烯）Camahechlor	杀虫剂、清塘剂	所有食品动物
11	呋喃丹（克百威）Carbofuran	杀虫剂	所有食品动物
12	杀虫脒（克死螨）Chlordimeform	杀虫剂	所有食品动物
13	双甲脒 Amitraz	杀虫剂	水生食品动物
14	酒石酸锑钾 Antimonypotassiumtartrate	杀虫剂	所有食品动物
15	锥虫胂胺 Tryparsamide	杀虫剂	所有食品动物
16	孔雀石绿 Malachitegreen	抗菌、杀虫剂	所有食品动物
17	五氯酚酸钠 Pentachlorophenolsodium	杀螺剂	所有食品动物
18	各种汞制剂。包括氯化亚汞（甘汞）Calomel，硝酸亚汞 Mercurous nitrate、醋酸汞 Mercurous acetate、吡啶基醋酸汞 Pyridyl mercurous acetate	杀虫剂	所有食品动物
19	性激素类：甲基睾丸酮 Methyltestosterone、丙酸睾酮 Testosterone Propionate、苯丙酸诺龙 Nandrolone Phenylpropionate、苯甲酸雌二醇 Estradiol Benzoate 及其盐、酯及制剂	促生长	所有食品动物
20	催眠、镇静类：氯丙嗪 Chlorpromazine、地西泮（安定）Diazepam 及其盐、酯及制剂	促生长	所有食品动物
21	硝基咪唑类：甲硝唑 Metronidazole、地美硝唑 Dimetronidazole 及其盐、酯及制剂	促生长	所有食品动物

三、兽药地方标准废止目录公布的食品动物禁用兽药（农业部公告第 560 号，2005 年）

类别	名称/组方
禁用兽药	β-兴奋剂类：沙丁胺醇及其盐、酯及制剂
	硝基呋喃类：呋喃西林、呋喃妥因及其盐、酯及制剂
	硝基咪唑类：替硝唑及其盐、酯及制剂
	喹噁啉类：卡巴氧及其盐、酯及制剂
	抗生素类：万古霉素及其盐、酯及制剂

四、禁止在饲料和动物饮水中使用的物质（农业部公告第 1519 号，2010 年）

1. 苯乙醇胺 A（Phenylethanolamine A）：β-肾上腺素受体激动剂。

2. 班布特罗（Bambuterol）：β-肾上腺素受体激动剂。

3. 盐酸齐帕特罗（Zilpaterol Hydrochloride）：β-肾上腺素受体激动剂。

4. 盐酸氯丙那林（Clorprenaline Hydrochloride）：药典 2010 版二部 P783。β-肾上腺素受体激动剂。

5. 马布特罗（Mabuterol）：β-肾上腺素受体激动剂。

6. 西布特罗（Cimbuterol）：β-肾上腺素受体激动剂。

7. 溴布特罗（Brombuterol）：β-肾上腺素受体激动剂。

8. 酒石酸阿福特罗（Arformoterol Tartrate）：长效型 β-肾上腺素受体激动剂。

9. 富马酸福莫特罗（Formoterol Fumatrate）：长效型 β-肾上腺素受体激动剂。

10. 盐酸可乐定（Clonidine Hydrochloride）：药典 2010 版二部 P645。抗高血压药。

11. 盐酸赛庚啶（Cyproheptadine Hydrochloride）：药典 2010 版二部 P803。抗组胺药。

五、禁止用于食品动物的其他兽药

兽用药物及其他化合物名称	禁用动物	公告号
非泼罗尼及相关制剂	所有食品动物	农业部公告第 2583 号（2017 年 9 月 15 日颁布）
洛美沙星、培氟沙星、氧氟沙星、诺氟沙星 4 种原料药的各种盐、酯及其各种制剂	所有食品动物	农业部公告第 2292 号（2015 年 9 月 1 日颁布）
喹乙醇、氨苯胂酸、洛克沙胂等 3 种兽药的原料药及各种制剂	所有食品动物	农业部公告第 2638 号（2018 年 1 月 12 日颁布）

动物性食品中兽药最高残留限量

一、动物性食品允许使用，但不需要制定残留限量的药物

药物名称	动物种类	其他规定
Acetylsalicylic acid 乙酰水杨酸	牛、猪、鸡	产奶牛禁用 产蛋鸡禁用
Aluminium hydroxide 氢氧化铝	所有食品动物	
Amitraz 双甲脒	牛/羊/猪	仅指肌肉中不需要限量
Amprolium 氨丙啉	家禽	仅作口服用
Apramycin 安普霉素	猪、兔 山羊 鸡	仅作口服用 产奶羊禁用 产蛋鸡禁用
Atropine 阿托品	所有食品动物	
Azamethiphos 甲基吡啶磷	鱼	
Betaine 甜菜碱	所有食品动物	
Bismuth subcarbonate 碱式碳酸铋	所有食品动物	仅作口服用
Bismuth subnitrate 碱式硝酸铋	所有食品动物	仅作口服用
Bismuth subnitrate 碱式硝酸铋	牛	仅乳房内注射用
Boric acid and borates 硼酸及其盐	所有食品动物	
Caffeine 咖啡因	所有食品动物	
Calcium borogluconate 硼葡萄糖酸钙	所有食品动物	
Calcium carbonate 碳酸钙	所有食品动物	

（续）

药物名称	动物种类	其他规定
Calcium chloride 氯化钙	所有食品动物	
Calcium gluconate 葡萄糖酸钙	所有食品动物	
Calcium phosphate 磷酸钙	所有食品动物	
Calcium sulphate 硫酸钙	所有食品动物	
Calcium pantothenate 泛酸钙	所有食品动物	
Camphor 樟脑	所有食品动物	仅作外用
Chlorhexidine 氯己定	所有食品动物	仅作外用
Choline 胆碱	所有食品动物	
Cloprostenol 氯前列醇	牛、猪、马	
Decoquinate 癸氧喹酯	牛、山羊	仅口服用，产奶动物禁用
Diclazuril 地克珠利	山羊	羔羊口服用
Epinephrine 肾上腺素	所有食品动物	
Ergometrine maleata 马来酸麦角新碱	所有哺乳类食品动物	仅用于临产动物
Ethanol 乙醇	所有食品动物	仅作赋型剂用
Ferrous sulphate 硫酸亚铁	所有食品动物	
Flumethrin 氟氯苯氰菊酯	蜜蜂	蜂蜜
Folic acid 叶酸	所有食品动物	
Follicle stimulating hormone（natural FSH from all species and their synthetic analogues）促卵泡激素（各种动物天然 FSH 及其化学合成类似物）	所有食品动物	
Formaldehyde 甲醛	所有食品动物	
Glutaraldehyde 戊二醛	所有食品动物	
Gonadotrophin releasing hormone 垂体促性腺激素释放激素	所有食品动物	
Human chorion gonadotrophin 绒促性素	所有食品动物	
Hydrochloric acid 盐酸	所有食品动物	仅作赋型剂用

（续）

药物名称	动物种类	其他规定
Hydrocortisone 氢化可的松	所有食品动物	仅作外用
Hydrogen peroxide 过氧化氢	所有食品动物	
Iodine and iodine inorganic compounds including 碘和碘无机化合物包括： ——Sodium and potassium-iodide 碘化钠和钾	所有食品动物	
——Sodium and potassium-iodate 碘酸钠和钾	所有食品动物	
Iodophors including 碘附包括： ——polyvinylpyrrolidone-iodine 聚乙烯吡咯烷酮碘	所有食品动物	
Iodine organic compounds 碘有机化合物： ——Iodoform 碘仿	所有食品动物	
Iron dextran 右旋糖酐铁	所有食品动物	
Ketamine 氯胺酮	所有食品动物	
Lactic acid 乳酸	所有食品动物	
Lidocaine 利多卡因	马	仅作局部麻醉用
Luteinising hormone（natural LH from all species and their synthetic analogues）促黄体激素（各种动物天然 FSH 及其化学合成类似物）	所有食品动物	
Magnesium chloride 氯化镁	所有食品动物	
Mannitol 甘露醇	所有食品动物	
Menadione 甲萘醌	所有食品动物	
Neostigmine 新斯的明	所有食品动物	
Oxytocin 缩宫素	所有食品动物	
Paracetamol 对乙酰氨基酚	猪	仅作口服用
Pepsin 胃蛋白酶	所有食品动物	
Phenol 苯酚	所有食品动物	
Piperazine 哌嗪	鸡	除蛋外所有组织

（续）

药物名称	动物种类	其他规定
Polyethylene glycols (molecular weight ranging from 200 to 10 000) 聚乙二醇（分子量范围 200～10 000）	所有食品动物	
Polysorbate 80 吐温-80	所有食品动物	
Praziquantel 吡喹酮	绵羊、马、山羊	仅用于非泌乳绵羊
Procaine 普鲁卡因	所有食品动物	
Pyrantel embonate 双羟萘酸噻嘧啶	马	
Salicylic acid 水杨酸	除鱼外所有食品动物	仅作外用
Sodium Bromide 溴化钠	所有哺乳类食品动物	仅作外用
Sodium chloride 氯化钠	所有食品动物	
Sodium pyrosulphite 焦亚硫酸钠	所有食品动物	
Sodium salicylate 水杨酸钠	除鱼外所有食品动物	仅作外用
Sodium selenite 亚硒酸钠	所有食品动物	
Sodium stearate 硬脂酸钠	所有食品动物	
Sodium thiosulphate 硫代硫酸钠	所有食品动物	
Sorbitan trioleate 脱水山梨醇三油酸酯（司盘-85）	所有食品动物	
Strychnine 士的宁	牛	仅作口服用，剂量最大每千克体重 0.1mg
Sulfogaiacol 愈创木酚磺酸钾	所有食品动物	
Sulphur 硫黄	牛、猪、山羊、绵羊、马	
Tetracaine 丁卡因	所有食品动物	仅作麻醉剂用
Thiomersal 硫柳汞	所有食品动物	多剂量疫苗中作防腐剂使用，浓度最大不得超过 0.02%

（续）

药物名称	动物种类	其他规定
Thiopental sodium 硫喷妥钠	所有食品动物	仅作静脉注射用
Vitamin A 维生素 A	所有食品动物	
Vitamin B$_1$ 维生素 B$_1$	所有食品动物	
Vitamin B$_{12}$ 维生素 B$_{12}$	所有食品动物	
Vitamin B$_2$ 维生素 B$_2$	所有食品动物	
Vitamin B$_6$ 维生素 B$_6$	所有食品动物	
Vitamin D 维生素 D	所有食品动物	
Vitamin E 维生素 E	所有食品动物	
Xylazine hydrochloride 盐酸塞拉嗪	牛、马	产奶动物禁用
Zinc oxide 氧化锌	所有食品动物	
Zinc sulphate 硫酸锌	所有食品动物	

二、已批准的动物性食品中最高残留限量规定

药物名	标志残留物	动物种类	靶组织	残留限量
阿灭丁（阿维菌素）Abamectin ADI：0～2	Avermectin B$_{1a}$	牛（泌乳期禁用）	脂肪	100
			肝	100
			肾	50
		羊（泌乳期禁用）	肌肉	25
			脂肪	50
			肝	25
			肾	20
乙酰异戊酰泰乐菌素 Acetylisovaleryltylosin ADI：0～1.02	总 Acetylisovaleryltylosin 和 3-O-乙酰泰乐菌素	猪	肌肉	50
			皮+脂肪	50
			肝	50
			肾	50

（续）

药物名	标志残留物	动物种类	靶组织	残留限量
阿苯达唑 Albendazole ADI：0～50	Albendazole＋ABZSO$_2$＋ABZSO＋ABZNH$_2$	牛/羊	肌肉	100
			脂肪	100
			肝	5 000
			肾	5 000
			奶	100
双甲脒 Amitraz ADI：0～3	Amitraz ＋2，4‐DMA 的总量	牛	脂肪	200
			肝	200
			肾	200
			奶	10
		羊	脂肪	400
			肝	100
			肾	200
			奶	10
		猪	皮＋脂	400
			肝	200
			肾	200
		禽	肌肉	10
			脂肪	10
			副产品	50
		蜜蜂	蜂蜜	200
阿莫西林 Amoxicillin	Amoxicillin	所有食品动物	肌肉	50
			脂肪	50
			肝	50
			肾	50
			奶	10
氨苄西林 Ampicillin	Ampicillin	所有食品动物	肌肉	50
			脂肪	50
			肝	50
			肾	50
			奶	10

（续）

药物名	标志残留物	动物种类	靶组织	残留限量
氨丙啉 Amprolium ADI：0～100	Amprolium	牛	肌肉	500
			脂肪	2 000
			肝	500
			肾	500
安普霉素 Apramycin ADI：0～40	Apramycin	猪	肾	100
阿散酸/洛克沙胂 Arsanilic acid/ Roxarsone	总砷计 Arsenic	猪	肌肉	500
			肝	2 000
			肾	2 000
			副产品	500
		鸡/火鸡	肌肉	500
			副产品	500
			蛋	500
氮哌酮 Azaperone ADI：0～0.8	Azaperone＋Azaperol	猪	肌肉	60
			皮＋脂肪	60
			肝	100
			肾	100
杆菌肽 Bacitracin ADI：0～3.9	Bacitracin	牛/猪/禽	可食组织	500
		牛（乳房注射）	奶	500
		禽	蛋	500
苄星青霉素/ 普鲁卡因青霉素 Benzylpenicillin/ Procaine benzylpenicillin ADI：0～30μg/（人·d）	Benzylpenicillin	所有食品动物	肌肉	50
			脂肪	50
			肝	50
			肾	50
			奶	4
倍他米松 Betamethasone ADI：0～0.015	Betamethasone	牛/猪	肌肉	0.75
			肝	2.0
			肾	0.75
		牛	奶	0.3

（续）

药物名	标志残留物	动物种类	靶组织	残留限量
头孢氨苄 Cefalexin ADI：0～54.4	Cefalexin	牛	肌肉	200
			脂肪	200
			肝	200
			肾	1 000
			奶	100
头孢喹肟 Cefquinome ADI：0～3.8	Cefquinome	牛	肌肉	50
			脂肪	50
			肝	100
			肾	200
			奶	20
		猪	肌肉	50
			皮+脂	50
			肝	100
			肾	200
头孢噻呋 Ceftiofur ADI：0～50	Desfuroylceftiofur	牛/猪	肌肉	1 000
			脂肪	2 000
			肝	2 000
			肾	6 000
		牛	奶	100
克拉维酸 Clavulanic acid ADI：0～16	Clavulanic acid	牛/羊	奶	200
		牛/羊/猪	肌肉	100
			脂肪	100
			肝	200
			肾	400
氯羟吡啶 Clopidol	Clopidol	牛/羊	肌肉	200
			肝	1 500
			肾	3 000
			奶	20
		猪	可食组织	200

（续）

药物名	标志残留物	动物种类	靶组织	残留限量
氯羟吡啶 Clopidol	Clopidol	鸡/火鸡	肌肉	5 000
			肝	15 000
			肾	15 000
氯氰碘柳胺 Closantel ADI：0~30	Closantel	牛	肌肉	1 000
			脂肪	3 000
			肝	1 000
			肾	3 000
		羊	肌肉	1 500
			脂肪	2 000
			肝	1 500
			肾	5 000
氯唑西林 Cloxacillin	Cloxacillin	所有食品动物	肌肉	300
			脂肪	300
			肝	300
			肾	300
			奶	30
黏菌素 Colistin ADI：0~5	Colistin	牛/羊	奶	50
		牛/羊/猪/鸡/兔	肌肉	150
			脂肪	150
			肝	150
			肾	200
		鸡	蛋	300
蝇毒磷 Coumaphos ADI：0~0.25	Coumaphos 和氧化物	蜜蜂	蜂蜜	100
环丙氨嗪 Cyromazine ADI：0~20	Cyromazine	羊	肌肉	300
			脂肪	300
			肝	300
			肾	300

（续）

药物名	标志残留物	动物种类	靶组织	残留限量
环丙氨嗪 Cyromazine ADI: 0～20	Cyromazine	禽	肌肉	50
			脂肪	50
			副产品	50
达氟沙星 Danofloxacin ADI: 0～20	Danofloxacin	牛/绵羊/山羊	肌肉	200
			脂肪	100
			肝	400
			肾	400
			奶	30
		家禽	肌肉	200
			皮＋脂	100
			肝	400
			肾	400
		其他动物	肌肉	100
			脂肪	50
			肝	200
			肾	200
癸氧喹酯 Decoquinate ADI: 0～75	Decoquinate	鸡	皮＋肉	1 000
			可食组织	2 000
溴氰菊酯 Deltamethrin ADI: 0～10	Deltamethrin	牛/羊	肌肉	30
			脂肪	500
			肝	50
			肾	50
		牛	奶	30
		鸡	肌肉	30
			皮＋脂	500
			肝	50
			肾	50
			蛋	30
		鱼	肌肉	30

（续）

药物名	标志残留物	动物种类	靶组织	残留限量
越霉素 A Destomycin A	Destomycin A	猪/鸡	可食组织	2 000
地塞米松 Dexamethasone ADI：0～0.015	Dexamethasone	牛/猪/马	肌肉	0.75
			肝	2
			肾	0.75
		牛	奶	0.3
二嗪农 Diazinon ADI：0～2	Diazinon	牛/羊	奶	20
		牛/猪/羊	肌肉	20
			脂肪	700
			肝	20
			肾	20
敌敌畏 Dichlorvos ADI：0～4	Dichlorvos	牛/羊/马	肌肉	20
			脂肪	20
			副产品	20
		猪	肌肉	100
			脂肪	100
			副产品	200
		鸡	肌肉	50
			脂肪	50
			副产品	50
地克珠利 Diclazuril ADI：0～30	Diclazuril	绵羊/禽/兔	肌肉	500
			脂肪	1 000
			肝	3 000
			肾	2 000
二氟沙星 Difloxacin ADI：0～10	Difloxacin	牛/羊	肌肉	400
			脂	100
			肝	1 400
			肾	800

（续）

药物名	标志残留物	动物种类	靶组织	残留限量
二氟沙星 Difloxacin ADI：0～10	Difloxacin	猪	肌肉	400
			皮＋脂	100
			肝	800
			肾	800
		家禽	肌肉	300
			皮＋脂	400
			肝	1 900
			肾	600
		其他	肌肉	300
			脂肪	100
			肝	800
			肾	600
三氮脒 Diminazine ADI：0～100	Diminazine	牛	肌肉	500
			肝	12 000
			肾	6 000
			奶	150
多拉菌素 Doramectin ADI：0～0.5	Doramectin	牛（泌乳牛禁用）	肌肉	10
			脂肪	150
			肝	100
			肾	30
		猪/羊/鹿	肌肉	20
			脂肪	100
			肝	50
			肾	30
多西环素 Doxycycline ADI：0～3	Doxycycline	牛（泌乳牛禁用）	肌肉	100
			肝	300
			肾	600
		猪	肌肉	100
			皮＋脂	300
			肝	300
			肾	600

(续)

药物名	标志残留物	动物种类	靶组织	残留限量
多西环素 Doxycycline ADI: 0~3	Doxycycline	禽（产蛋鸡禁用）	肌肉	100
			皮＋脂	300
			肝	300
			肾	600
恩诺沙星 Enrofloxacin ADI: 0~2	Enrofloxacin＋ Ciprofloxacin	牛/羊	肌肉	100
			脂肪	100
			肝	300
			肾	200
		牛/羊	奶	100
		猪/兔	肌肉	100
			脂肪	100
			肝	200
			肾	300
		禽（产蛋鸡禁用）	肌肉	100
			皮＋脂	100
			肝	200
			肾	300
		其他动物	肌肉	100
			脂肪	100
			肝	200
			肾	200
红霉素 Erythromycin ADI: 0~5	Erythromycin	所有食品动物	肌肉	200
			脂肪	200
			肝	200
			肾	200
			奶	40
			蛋	150
乙氧酰胺苯甲酯 Ethopabate	Ethopabate	禽	肌肉	500
			肝	1 500
			肾	1 500

（续）

药物名	标志残留物	动物种类	靶组织	残留限量
苯硫氨酯 Fenbantel 芬苯达唑 Fenbendazole 奥芬达唑 Oxfendazole ADI：0～7	可提取的 Oxfendazole sulphone	牛/马/猪/羊	肌肉	100
			脂肪	100
			肝	500
			肾	100
		牛/羊	奶	100
倍硫磷 Fenthion	Fenthion & metabolites	牛/猪/禽	肌肉	100
			脂肪	100
			副产品	100
氰戊菊酯 Fenvalerate ADI：0～20	Fenvalerate	牛/羊/猪	肌肉	1 000
			脂肪	1 000
			副产品	20
		牛	奶	100
氟苯尼考 Florfenicol ADI：0～3	Florfenicol-amine	牛/羊 （泌乳期禁用）	肌肉	200
			肝	3 000
			肾	300
		猪	肌肉	300
			皮＋脂	500
			肝	2 000
			肾	500
		家禽（产蛋禁用）	肌肉	100
			皮＋脂	200
			肝	2 500
			肾	750
		鱼	肌肉＋皮	1 000
		其他动物	肌肉	100
			脂肪	200
			肝	2 000
			肾	300

（续）

药物名	标志残留物	动物种类	靶组织	残留限量
氟苯咪唑 Flubendazole ADI：0～12	Flubendazole＋2 - amino 1H - benzimidazol - 5 - yl - （4 - fluorophenyl） methanone	猪	肌肉	10
			肝	10
		禽	肌肉	200
			肝	500
			蛋	400
醋酸氟孕酮 Flugestone Acetate ADI：0～0.03	Flugestone Acetate	羊	奶	1
氟甲喹 Flumequine ADI：0～30	Flumequine	牛/羊/猪	肌肉	500
			脂肪	1 000
			肝	500
			肾	3 000
			奶	50
		鱼	肌肉＋皮	500
		鸡	肌肉	500
			皮＋脂	1 000
			肝	500
			肾	3 000
氟氯苯氰菊酯 Flumethrin ADI：0～1.8	Flumethrin （sum of trans-Z-isomers）	牛	肌肉	10
			脂肪	150
			肝	20
			肾	10
			奶	30
		羊（产奶期禁用）	肌肉	10
			脂肪	150
			肝	20
			肾	10
氟胺氰菊酯 Fluvalinate	Fluvalinate	所有动物	肌肉	10
			脂肪	10
			副产品	10

（续）

药物名	标志残留物	动物种类	靶组织	残留限量
氟胺氰菊酯 Fluvalinate	Fluvalinate	蜜蜂	蜂蜜	50
庆大霉素 Gentamycin ADI：0～20	Gentamycin	牛/猪	肌肉	100
			脂肪	100
			肝	2 000
			肾	5 000
		牛	奶	200
		鸡/火鸡	可食组织	100
氢溴酸常山酮 Halofuginone hydrobromide ADI：0～0.3	Halofuginone	牛	肌肉	10
			脂肪	25
			肝	30
			肾	30
		鸡/火鸡	肌肉	100
			皮＋脂	200
			肝	130
氮氨菲啶 Isometamidium ADI：0～100	Isometamidium	牛	肌肉	100
			脂肪	100
			肝	500
			肾	1 000
			奶	100
伊维菌素 Ivermectin ADI：0～1	22，23 - Dihydro- avermectin B_{1a}	牛	肌肉	10
			脂肪	40
			肝	100
			奶	10
		猪/羊	肌肉	20
			脂肪	20
			肝	15
吉他霉素 Kitasamycin	Kitasamycin	猪/禽	肌肉	200
			肝	200
			肾	200

（续）

药物名	标志残留物	动物种类	靶组织	残留限量
拉沙洛菌素 Lasalocid	Lasalocid	牛	肝	700
		鸡	皮+脂	1 200
			肝	400
		火鸡	皮+脂	400
			肝	400
		羊	肝	1 000
		兔	肝	700
左旋咪唑 Levamisole ADI：0～6	Levamisole	牛/羊/猪/禽	肌肉	10
			脂肪	10
			肝	100
			肾	10
林可霉素 Lincomycin ADI：0～30	Lincomycin	牛/羊/猪/禽	肌肉	100
			脂肪	100
			肝	500
			肾	1 500
		牛/羊	奶	150
		鸡	蛋	50
马杜霉素 Maduramicin	Maduramicin	鸡	肌肉	240
			脂肪	480
			皮	480
			肝	720
马拉硫磷 Malathion	Malathion	牛/羊/猪/禽/马	肌肉	4 000
			脂肪	4 000
			副产品	4 000
甲苯咪唑 Mebendazole ADI：0～12.5	Mebendazole 等效物	羊/马 （产奶期禁用）	肌肉	60
			脂肪	60
			肝	400
			肾	60

（续）

药物名	标志残留物	动物种类	靶组织	残留限量
安乃近 Metamizole ADI：0～10	4-氨甲基-安替比林	牛/猪/马	肌肉	200
			脂肪	200
			肝	200
			肾	200
莫能菌素 Monensin	Monensin	牛/羊	可食组织	50
		鸡/火鸡	肌肉	1 500
			皮+脂	3 000
			肝	4 500
甲基盐霉素 Narasin	Narasin	鸡	肌肉	600
			皮+脂	1 200
			肝	1 800
新霉素 Neomycin ADI：0～60	Neomycin B	牛/羊/猪/鸡/火鸡/鸭	肌肉	500
			脂肪	500
			肝	500
			肾	10 000
		牛/羊	奶	500
		鸡	蛋	500
尼卡巴嗪 Nicarbazin ADI：0～400	N，N'-bis-(4-nitrophenyl) urea	鸡	肌肉	200
			皮/脂	200
			肝	200
			肾	200
硝碘酚腈 Nitroxinil ADI：0～5	Nitroxinil	牛/羊	肌肉	400
			脂肪	200
			肝	20
			肾	400
喹乙醇 Olaquindox	[3-甲基喹啉-2-羧酸] (MQCA)	猪	肌肉	4
			肝	50

（续）

药物名	标志残留物	动物种类	靶组织	残留限量
苯唑西林 Oxacillin	Oxacillin	所有食品动物	肌肉	300
			脂肪	300
			肝	300
			肾	300
			奶	30
丙氧苯咪唑 Oxibendazole ADI：0~60	Oxibendazole	猪	肌肉	100
			皮＋脂	500
			肝	200
			肾	100
噁喹酸 Oxolinic acid ADI：0~2.5	Oxolinic acid	牛/猪/鸡	肌肉	100
			脂肪	50
			肝	150
			肾	150
		鸡	蛋	50
		鱼	肌肉＋皮	300
土霉素/金霉素/四环素 Oxytetracycline/ Chlortetracycline/ Tetracycline ADI：0~30	Parent drug, 单个或复合物	所有食品动物	肌肉	100
			肝	300
			肾	600
		牛/羊	奶	100
		禽	蛋	200
		鱼/虾	肉	100
辛硫磷 Phoxim ADI：0~4	Phoxim	牛/猪/羊	肌肉	50
			脂肪	400
			肝	50
			肾	50
		牛	奶	10
哌嗪 Piperazine ADI：0~250	Piperazine	猪	肌肉	400
			皮＋脂	800
			肝	2 000
			肾	1 000

（续）

药物名	标志残留物	动物种类	靶组织	残留限量
哌嗪 Piperazine ADI：0～250	Piperazine	鸡	蛋	2 000
巴胺磷 Propetamphos ADI：0～0.5	Propetamphos	羊	脂肪	90
			肾	90
碘醚柳胺 Rafoxanide ADI：0～2	Rafoxanide	牛	肌肉	30
			脂肪	30
			肝	10
			肾	40
		羊	肌肉	100
			脂肪	250
			肝	150
			肾	150
氯苯胍 Robenidine	Robenidine	鸡	脂肪	200
			皮	200
			可食组织	100
盐霉素 Salinomycin	Salinomycin	鸡	肌肉	600
			皮/脂	1 200
			肝	1 800
沙拉沙星 Sarafloxacin ADI：0～0.3	Sarafloxacin	鸡/火鸡	肌肉	10
			脂肪	20
			肝	80
			肾	80
		鱼	肌肉＋皮	30
赛杜霉素 Semduramicin ADI：0～180	Semduramicin	鸡	肌肉	130
			肝	400
大观霉素 Spectinomycin ADI：0～40	Spectinomycin	牛/羊/猪/鸡	肌肉	500
			脂肪	2 000
			肝	2 000
			肾	5 000

（续）

药物名	标志残留物	动物种类	靶组织	残留限量
大观霉素 Spectinomycin ADI：0~40	Spectinomycin	牛	奶	200
		鸡	蛋	2 000
链霉素/双氢链霉素 Streptomycin/ Dihydrostreptomycin ADI：0~50	Sum of Streptomycin+ Dihydrostreptomycin	牛	奶	200
		牛/绵羊/猪/鸡	肌肉	600
			脂肪	600
			肝	600
			肾	1 000
磺胺类 Sulfonamides	Parent drug（总量）	所有食品动物	肌肉	100
			脂肪	100
			肝	100
			肾	100
		牛/羊	奶	100
磺胺二甲嘧啶 Sulfadimidine ADI：0~50	Sulfadimidine	牛	奶	25
噻苯咪唑 Thiabendazole ADI：0~100	［噻苯咪唑和5- 羟基噻苯咪唑］	牛/猪/绵羊/山羊	肌肉	100
			脂肪	100
			肝	100
			肾	100
		牛/山羊	奶	100
甲砜霉素 Thiamphenicol ADI：0~5	Thiamphenicol	牛/羊	肌肉	50
			脂肪	50
			肝	50
			肾	50
		牛	奶	50
		猪	肌肉	50
			脂肪	50
			肝	50
			肾	50

（续）

药物名	标志残留物	动物种类	靶组织	残留限量
甲砜霉素 Thiamphenicol ADI：0～5	Thiamphenicol	鸡	肌肉	50
			皮＋脂	50
			肝	50
			肾	50
		鱼	肌肉＋皮	50
泰妙菌素 Tiamulin ADI：0～30	Tiamulin＋8－α－ Hydroxymutilin 总量	猪/兔	肌肉	100
			肝	500
		鸡	肌肉	100
			皮＋脂	100
			肝	1 000
			蛋	1 000
		火鸡	肌肉	100
			皮＋脂	100
			肝	300
替米考星 Tilmicosin ADI：0～40	Tilmicosin	牛/绵羊	肌肉	100
			脂肪	100
			肝	1 000
			肾	300
		绵羊	奶	50
		猪	肌肉	100
			脂肪	100
			肝	1 500
			肾	1 000
		鸡	肌肉	75
			皮＋脂	75
			肝	1 000
			肾	250
甲基三嗪酮 （托曲珠利） Toltrazuril ADI：0～2	Toltrazuril Sulfone	鸡/火鸡	肌肉	100
			皮＋脂	200
			肝	600
			肾	400

（续）

药物名	标志残留物	动物种类	靶组织	残留限量
甲基三嗪酮（托曲珠利）Toltrazuril ADI：0～2	Toltrazuril Sulfone	猪	肌肉	100
			皮＋脂	150
			肝	500
			肾	250
敌百虫 Trichlorfon ADI：0～20	Trichlorfon	牛	肌肉	50
			脂肪	50
			肝	50
			肾	50
			奶	50
三氯苯唑 Triclabendazole ADI：0～3	Ketotriclabendazole	牛	肌肉	200
			脂肪	100
			肝	300
			肾	300
		羊	肌肉	100
			脂肪	100
			肝	100
			肾	100
甲氧苄啶 Trimethoprim ADI：0～4.2	Trimethoprim	牛	肌肉	50
			脂肪	50
			肝	50
			肾	50
			奶	50
		猪/禽	肌肉	50
			皮＋脂	50
			肝	50
			肾	50
		马	肌肉	100
			脂肪	100
			肝	100
			肾	100
		鱼	肌肉＋皮	50

（续）

药物名	标志残留物	动物种类	靶组织	残留限量
泰乐菌素 Tylosin ADI：0～6	Tylosin A	鸡/火鸡/猪/牛	肌肉	200
			脂肪	200
			肝	200
			肾	200
		牛	奶	50
		鸡	蛋	200
维吉尼霉素 Virginiamycin ADI：0～250	Virginiamycin	猪	肌肉	100
			脂肪	400
			肝	300
			肾	400
			皮	400
		禽	肌肉	100
			脂肪	200
			肝	300
			肾	500
			皮	200
二硝托胺 Zoalene	Zoalene＋Metabolite 总量	鸡	肌肉	3 000
			脂肪	2 000
			肝	6 000
			肾	6 000
		火鸡	肌肉	3 000
			肝	3 000

三、允许作治疗用，但不得在动物性食品中检出的药物

药物名称	标志残留物	动物种类	靶组织
氯丙嗪 Chlorpromazine	Chlorpromazine	所有食品动物	所有可食组织
地西泮（安定）Diazepam	Diazepam	所有食品动物	所有可食组织
地美硝唑 Dimetridazole	Dimetridazole	所有食品动物	所有可食组织

（续）

药物名称	标志残留物	动物种类	靶组织
苯甲酸雌二醇 Estradiol Benzoate	Estradiol	所有食品动物	所有可食组织
潮霉素 B Hygromycin B	Hygromycin B	猪/鸡 鸡	可食组织 蛋
甲硝唑 Metronidazole	Metronidazole	所有食品动物	所有可食组织
苯丙酸诺龙 Nadrolone Phenylpropionate	Nadrolone	所有食品动物	所有可食组织
丙酸睾酮 Testosterone propinate	Testosterone	所有食品动物	所有可食组织
塞拉嗪 Xylzaine	Xylazine	产奶动物	奶

四、禁止使用的药物，在动物性食品中不得检出

药物名称	禁用动物种类	靶组织
氯霉素 Chloramphenicol 及其盐、酯（包括琥珀氯霉素 Chloramphenicol Succinate）	所有食品动物	所有可食组织
克仑特罗 Clenbuterol 及其盐、酯	所有食品动物	所有可食组织
沙丁胺醇 Salbutamol 及其盐、酯	所有食品动物	所有可食组织
西马特罗 Cimaterol 及其盐、酯	所有食品动物	所有可食组织
氨苯砜 Dapsone	所有食品动物	所有可食组织
己烯雌酚 Diethylstilbestrol 及其盐、酯	所有食品动物	所有可食组织
呋喃它酮 Furaltadone	所有食品动物	所有可食组织
呋喃唑酮 Furazolidone	所有食品动物	所有可食组织
林丹 Lindane	所有食品动物	所有可食组织
呋喃苯烯酸钠 Nifurstyrenate sodium	所有食品动物	所有可食组织
安眠酮 Methaqualone	所有食品动物	所有可食组织
洛硝达唑 Ronidazole	所有食品动物	所有可食组织
玉米赤霉醇 Zeranol	所有食品动物	所有可食组织
去甲雄三烯醇酮 Trenbolone	所有食品动物	所有可食组织
醋酸甲孕酮 Mengestrol Acetate	所有食品动物	所有可食组织
硝基酚钠 Sodium nitrophenolate	所有食品动物	所有可食组织
硝呋烯腙 Nitrovin	所有食品动物	所有可食组织

（续）

药物名称	禁用动物种类	靶组织
毒杀芬（氯化烯）Camahechlor	所有食品动物	所有可食组织
呋喃丹（克百威）Carbofuran	所有食品动物	所有可食组织
杀虫脒（克死螨）Chlordimeform	所有食品动物	所有可食组织
双甲脒 Amitraz	水生食品动物	所有可食组织
酒石酸锑钾 Antimony potassium tartrate	所有食品动物	所有可食组织
锥虫砷胺 Tryparsamile	所有食品动物	所有可食组织
孔雀石绿 Malachite green	所有食品动物	所有可食组织
五氯酚酸钠 Pentachlorophenol sodium	所有食品动物	所有可食组织
氯化亚汞（甘汞）Calomel	所有食品动物	所有可食组织
硝酸亚汞 Mercurous nitrate	所有食品动物	所有可食组织
醋酸汞 Mercurous acetate	所有食品动物	所有可食组织
吡啶基醋酸汞 Pyridyl mercurous acetate	所有食品动物	所有可食组织
甲基睾丸酮 Methyltestosterone	所有食品动物	所有可食组织
群勃龙 Trenbolone	所有食品动物	所有可食组织

注：引自农业部公告第 235 号，2002 年。

名词定义：

1. 兽药残留［Residues of Veterinary Drugs］：指食品动物用药后，动物产品的任何食用部分中与所用药物有关的物质的残留，包括原型药物或/和其代谢产物。

2. 总残留［Total Residue］：指对食品动物用药后，动物产品的任何食用部分中药物原型或/和其所有代谢产物的总和。

3. 日允许摄入量［ADI：Acceptable Daily Intake］：是指人一生中每日从食物或饮水中摄取某种物质而对健康没有明显危害的量，以人体重为基础计算，单位：微克每千克体重每天［μg/（kg·d）］。

4. 最高残留限量［MRL：Maximum Residue Limit］：对食品动物用药后产生的允许存在于食物表面或内部的该兽药残留的最高量/

浓度（以鲜重计，表示为 μg/kg）。

5. 食品动物［Food-Producing Animal］：指各种供人食用或其产品供人食用的动物。

6. 鱼［Fish］：指众所周知的任一种水生冷血动物。包括鱼纲（Pisces）、软骨鱼（Elasmobranchs）和圆口鱼（Cyclostomes），不包括水生哺乳动物、无脊椎动物和两栖动物。但应注意，此定义可适用于某些无脊椎动物，特别是头足动物（Cephalopods）。

7. 家禽［Poultry］：包括鸡、火鸡、鸭、鹅、珍珠鸡和鸽在内的家养的禽。

8. 动物性食品［Animal Derived Food］：全部可食用的动物组织以及蛋和奶。

9. 可食组织［Edible Tissues］：全部可食用的动物组织，包括肌肉和脏器。

10. 皮＋脂［Skin with fat］：指带脂肪的可食皮肤。

11. 皮＋肉［Muscle with skin］：一般特指鱼的带皮肌肉组织。

12. 副产品［Byproducts］：除肌肉、脂肪以外的所有可食组织，包括肝、肾等。

13. 肌肉［Muscle］：仅指肌肉组织。

14. 蛋［Egg］：指家养母鸡的带壳蛋。

15. 奶［Milk］：指由正常乳房分泌而得，经一次或多次挤奶，既无加入也未经提取的奶。此术语也可用于处理过但未改变其组分的奶，或根据国家立法已将脂肪含量标准化处理过的奶。

附录 4

一、 二、 三类疫病中
涉及猪的疫病[*]

一类动物疫病

口蹄疫、猪水泡病、猪瘟、非洲猪瘟、高致病性猪蓝耳病

二类动物疫病

多种动物共患病（9种）：狂犬病、布鲁氏菌病、炭疽、伪狂犬病、魏氏梭菌病、副结核病、弓形虫病、棘球蚴病、钩端螺旋体病

猪病（12种）：猪繁殖与呼吸综合征（经典猪蓝耳病）、猪乙型脑炎、猪细小病毒病、猪丹毒、猪肺疫、猪链球菌病、猪传染性萎缩性鼻炎、猪支原体肺炎、旋毛虫病、猪囊尾蚴病、猪圆环病毒病、副猪嗜血杆菌病

三类动物疫病

多种动物共患病（6种）：大肠杆菌病、李氏杆菌病、放线菌病、肝片吸虫病、丝虫病、附红细胞体病

猪病（4种）：猪传染性胃肠炎、猪流行性感冒、猪副伤寒、猪密螺旋体痢疾

---

* 引自农业部公告第 1125 号。

附录 5

兽药使用相关政策法规目录

1. 中华人民共和国动物防疫法（1997 年 7 月 3 日第八届全国人民代表大会常务委员会第二十六次会议通过，1997 年 7 月 3 日中华人民共和国主席令第八十七号公布；2007 年 8 月 30 日第十届全国人民大表大会常务委员会第二十九次会议修订，2007 年 8 月 30 日中华人民共和国主席令第七十一号修订公布）

2. 兽药管理条例（2004 年 4 月 9 日国务院 404 号公布，2014 年 7 月 29 日国务院令第 653 号部分修订，2016 年 2 月 6 日国务院令第 666 号部分修订）

3. 动物性食品中兽药最高残留限量标准（中华人民共和国农业部公告第 235 号）

4. 农业部关于印发《饲料药物添加剂使用规范》的通知（农牧发 [2001] 20 号中华人民共和国农业部公告第 168 号）

5. 禁止在饲料和动物饮水中使用的药物品种目录（农业部、卫生部、国家药品监督管理局公告 2002 年第 176 号）

6. 食品动物禁用的兽药及其他化合物清单（中华人民共和国农业部公告第 193 号）

7. 部分兽药品种的休药期规定（中华人民共和国农业部公告第 278 号）

8. 农业部关于清查金刚烷胺等抗病毒药物的紧急通知（农医发

[2005] 33 号)

9. 淘汰兽药品种目录（中华人民共和国农业部公告第 839 号）

10. 禁止在饲料和动物饮水中使用的物质（中华人民共和国农业部第 1519 号）

11. 兽用处方药品种目录（第一批）（中华人民共和国农业部公告第 1997 号）

12. 兽用处方药品种目录（第二批）（中华人民共和国农业部公告第 2471 号）

13. 乡村兽医基本用药目录（中华人民共和国农业部公告第 2069 号）

14. 关于禁止在食品动物中使用洛美沙星等 4 种原料药的各种盐、脂及各种制剂的公告（中华人民共和国农业部公告第 2292 号）

15. 禁止非泼罗尼及相关制剂用于食品动物（中华人民共和国农业部公告第 2583 号）

16. 关于停止喹乙醇、氨苯胂酸、洛克沙胂用于食品动物的公告（中华人民共和国农业部公告第 2638 号）

17. 农业部关于印发《2018 年国家动物疫病强制免疫计划》的通知（2018 年 1 月 16 日）

参 考 文 献

刘建柱 牛绪东．2017. 猪病鉴别诊断图谱与安全用药［M］．北京：机械工业出版社．

农业部兽医局，2016. 兽药管理政策法规选编［M］．2 版．北京：中国农业出版社．

张中秋，丁伯良，2015. 默克兽医手册［M］．10 版．北京：中国农业出版社．

中国兽药典委员会，2011. 中华人民共和国兽药典兽药使用指南：化学药品卷（二○一○年版）［M］．北京：中国农业出版社．

中国兽药典委员会，2011. 中华人民共和国兽药典兽药使用指南：生物制品卷（二○一○年版）［M］．北京：中国农业出版社．

中国兽药典委员会，2011. 中华人民共和国兽药典兽药使用指南：中药卷（二○一○年版）［M］．北京：中国农业出版社．

中国兽药典委员会，2016. 中华人民共和国兽药典（2015 年版）［M］．北京：中国农业出版社．

中国兽药典委员会，2017. 兽药质量标准：化学药品卷（2017 年版）［M］．北京：中国农业出版社．

中国兽药典委员会，2017. 兽药质量标准：生物制品卷（2017 年版）［M］．北京：中国农业出版社．

图书在版编目（CIP）数据

猪场兽药规范使用手册 / 中国兽医药品监察所，中国农业出版社组织编写；刘业兵，刘建柱主编 . —北京：中国农业出版社，2018.11

（养殖场兽药规范使用手册系列丛书）

ISBN 978-7-109-24518-1

Ⅰ.①猪…　Ⅱ.①中…　②中…　③刘…　④刘…　Ⅲ.①猪病－兽用药－手册　Ⅳ.①S858.28－62

中国版本图书馆 CIP 数据核字（2018）第 197641 号

中国农业出版社出版

（北京市朝阳区麦子店街 18 号楼）

（邮政编码 100125）

策划编辑　孙忠超　刘　玮　黄向阳

责任编辑　刘　玮

北京万友印刷有限公司印刷　新华书店北京发行所发行

2018 年 11 月第 1 版　2018 年 11 月北京第 1 次印刷

开本：910mm×1280mm　1/32　印张：9

字数：200 千字

定价：28.00 元

（凡本版图书出现印刷、装订错误，请向出版社发行部调换）